AF460362

MÉMOIRES

VÉTÉRINAIRES

Sur la manière de reduire les fractures des jambes des Chevaux et autres grands quadrupèdes ; sur les maladies épizootiques des bestiaux, sur la Clavelée des brebis, semblable en tout à la petite vérole des hommes ; sur les avantages de conserver les bêtes à laine en plein air pendant l'hiver ; sur les moyens a employer pour engraisser les Bœufs, les Moutons, les Veaux et les Cochons ; sur la propagation en France de l'*Ovistiti*, et du *Perroquet.*

Ouvrage de première nécessité pour l'Économie champêtre.

Ier Opuscule concernant le règne Animal, et l'Art Vétérinaire, etc.

Par P. Buc'hoz, Médecin-Naturaliste.

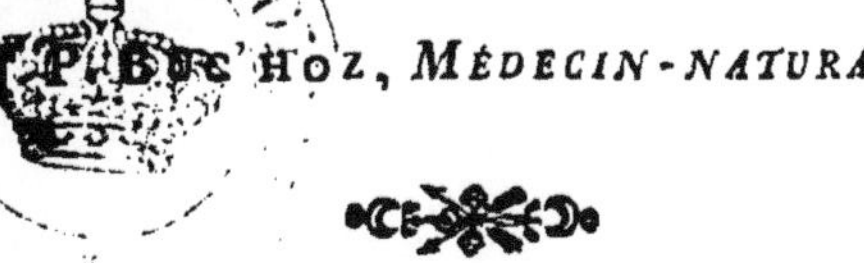

A PARIS,

Aux frais de la dame Buc'hoz, épouse de l'Auteur, et se trouve chez elle, rue de l'Ecole de Médecine, N°. 20.

1806.

DÉDIÉ

Aux Vétérinaires et aux Amateurs économiques des Animaux.

Nous avons publié l'année dernière un Opuscule qui a pour titre : *Mémoires sur la manière de former les Prairies naturelles, de retablir les anciennes, et sur les Prairies artificielles, sédentaires et ambulantes.* Cet Opuscule, quoique placé parmi ceux du regne végétal, ne mérite pas moins d'occuper une place parmi ceux de l'*Art Vétérinaire* puisqu'il concerne la nourriture des bestiaux, aussi peut-il faire suite à l'Opuscule que nous publions à ce sujet.

AVIS.

L'ART Vétérinaire est de la plus grande utilité pour nos campagnes, aussi nous y appliquons-nous dans cette nouvelle série d'Opuscules ; nous commençons par un Mémoire qui est de la plus grande importance pour les Chevaux ; lorsqu'ils ont les jambes fracturées, on en est fort peu en peine et quand un Cheval seroit, par sa beauté et par sa bonté, d'un prix exorbitant, du moment qu'il les a fracturées, il est condamné à périr, par les vétérinaires et les maréchaux.

Nous nous empressons de publier un moyen pour remedier à un pareil inconvenient ; c'est ce qui fait le sujet du premier mémoire de cet Opuscule sur le regne animal. Le second mémoire que nous rapportons ici concerne les Maladies épizootiques des bestiaux ; nous y traitons de ses maladies, de leurs causes, de leurs symptômes, de leurs diagnostics, de leurs pronostics et de la manière de les guérir. Nous traiterons dans la suite de toutes les maladies épizootiques qui pourront parvenir à notre connoissance, tant anciennes que nouvelles et de leurs différentes cures. Dans notre troisième mémoire nous entretenons nos lecteurs de la Clavelée, maladie épizootique des moutons, elle est en tout semblable à la petite vérole de l'homme ; elle peut s'inoculer de même, aussi a-t-on déja pratiqué cette opération: on pourra peut-être en peu de tems les vaciner ; on dit même qu'on l'a déja fait à un troupeau des environs de Paris.

Nous donnons pour quatrième Mémoire,

les avantages qui peuvent résulter de laisser passer les moutons en plein air pendant l'hiver; et enfin nous exposons dans un cinquième les moyens qu'on peut employer pour engraisser les bœufs, les veaux, les moutons et les cochons; nous avons déjà fait part au public, dans notre opuscule sur les prairies, d'une méthode particulière pour engraisser les veaux. *Voy.* cet opuscule. Ces 5 mémoires sont de la plus grande utilité pour l'économie rurale, ainsi qu'on pourra s'en convaincre tant par leurs titres, que par le contenu qui s'y trouve.

L'art vétérinaire a été élevé au plus haut période sur la fin du règne de Louis XV, qui ne dédaignoit pas de jeter un coup-d'œil favorable sur cette partie animale, si intéressante au genre humain. C'est au laborieux Bourgelat auquel nous étions pour lors redevables des progrès de cet art, mais il est bien déchu depuis sa mort; la seule personne qui mérite encore de conserver son nom dans cette partie, est M. Chabert, qui a publié des dissertations intéressantes sur les maladies des bestiaux.

Nous osons espérer que notre auguste EMPÉREUR, voudra bien donner quelques momens de ses loisirs, pour encourager en France cet art, et qu'il ne permettra pas qu'on le laisse plus long tems dans l'oubli. Le conquérant de l'Italie et de l'Allemagne ne manquera pas de se délasse de ses travaux militaires en s'en occupant pour un instant, comme il ne cesse de faire pour rétablir les Sciences, les Arts, l'Agriculture, l'Economie champêtre et le Commerce.

LETTRE

SUR

La réduction des jambes fracturées des Chevaux et autres animaux quadrupèdes.

Quand un cheval ou une vache a les jambes fracturées, on est dans l'usage de les abandonner à leur triste sort, ou on les fait même souvent périr, plutôt que de leur donner quelques secours. Toutes les fois que j'ai vu une pareille barbarie, je n'ai pu m'empêcher d'en gémir. Dès 1778 j'ai indiqué la manière dont il falloit s'y prendre pour obvier à de pareils accidens, et en le faisant je n'ai fait que remplir les vues d'un militaire vraiment patriote; M. Guyoz de Daignon est le nom de ce militaire, Chevau-Léger de la garde du ci-devant Roi; il à fait traiter en 1776, par son marechal, qui n'étoit jamais sorti de son village, deux forts mulets, dont l'un avoit le femur cassé diamétralement, et l'autre le canon d'une jambe de derrière cassé en bec de flûte; ils ont été parfaitement guéris et ont servi depuis tous les jours.

En 1777 ce gentilhomme fit traiter avec autant de succès un cheval qui avoit l'avant-bras cassé diamétralement. Dans les premiers jours de février 1778, M. Guioz Daignon acheta pour sa propre satisfaction, une vache qui avoit le femur cassé diamétralement, et la seconde vertèbre de l'*os sacrum* demise; le traitement qu'il employa mérite, comme il l'a desiré, et comme il me l'a souvent récommandé, d'être rendu public, d'autant qu'il est d'une utilité générale. La vache, dit M. Guioz Daignon, rendue chez moi sur un charriot, descendue dans l'étable, je la fis coucher sur le ventre; après avoir remis le femur et la vertèbre dans leur situation ordinaire, fait une friction, composée d'huile de térébenthine et d'eau-de-vie, appliqué ensuite des compresses imbibées de la même liqueur, n'étant pas possible de faire des bandages dans ces parties ; je la fis attacher avec des larges sangles à des piquets fichés en terre ; je la tins dans cette attitude gênante pendant 40 jours, rafraîchissant tous les matins son arrière - train affligé, pendant huit jours, par - dessus les compresses, de la même liqueur, à laquelle je fis succeder des bains aromatiques, jusqu'à fortification des parties, la nourrissant de paille de froment et d'eau blanchie avec de la farine d'orge et quelques émoliens. Après les 40 jours de ce traitement, je la fis détacher, les parties se trouvant roidies, je fis aider à la lever pendant 4 ou 5 jours, ensuite elle se leva sans aide et fut peu de jours après au pâturage ; elle me servit jusqu'à la vente que j'en fis ; elle ne boîtoit jamais qu'imperceptiblement sur le pavé et les pierres. A l'appui de ces remèdes on peut ajouter deux observations de M. Viondel, chirurgien major de l'hôpital de Rocroy.

Le 1r septembre 1777, un poulain appartenant au sieur Monthieu, demeurant à une lieue de Rocroy, eut la jambe gauche de devant cassée à environ 4 pouces au-dessus du genou, le seul remède employé par ce particulier, fut d'étendre le poulain par terre, d'enveloper la fracture avec une compresse imbibée d'eau de-vie et appliquer ensuite 5 attelles de bois aux parties antérieures et latérales de l'os fracturé, laissant la partie postérieure libre, pour ne pas comprimer le tendon; les attelles maintenues avec des liens ne furent enlevées qu'au bout de 15 jours; le sieur Monthieu se contenta d'arroser avec d'eau-de-vie la partie supérieure, pour que la liqueur put pénétrer jusqu'à la fracture ; trois semaines n'étoient pas encore écoulées, que le poulain appuyoit déjà le bout du pied, sans cependant le poser à plat ; son maître fit alors cuire des chiens nouveaux nés avec de la lie de vin, il en forma une espèce d'onguent, dont il fit diverses embrocations à toute la jambe, l'animal fut radicalement guéri ; il ne boîta point, et l'on appercevoit à peine la jonction de la fracture.

La seconde observation concerne un cheval de 19 ans, appartenant au messager du Châtelet. Ce vieux cheval eut la jambe droite de derrière cassée en juin 1776, à 3 pouces au-dessus du boulet ; on appliqua sur la fracture un mêlange de vinaigre, de blanc d'œufs et de suie de cheminee, et la compresse fut soutenue avec des attelles, entourées de ligamens ; le cheval fut ensuite abandonné dans une prairie, et deux jours aprés, la réunion se trouva faite ; on substitua au premier appareil un emplâtre de térébenthine, qui fut enlevé au bout de 15 jours, et l'on fomenta alors la partie lésée avec de l'eau-de-vie ; au bout de 4 jours le cheval reprit son travail ordinaire, qu'il a continué encore pendant long tems ; le calus, à la vérité, formoit une élevation d'environ un pouce et demi.

Le sieur Bellocq, marechal de Mgr. le duc de Chartres, dit avoir pareillement guéri un cheval qui s'ètoit cassé la jambe. Il résulte de toutes ces observations que la nature n'a pas été plus ingrate envers les chevaux qu'à l'égard de tant d'autres êtres bien moins utiles à l'homme, et que l'on peut entreprendre avec confiance la réduction des jambes et des autres parties osseuses fracturées de ces animaux.

Je vous exhorte, Monsieur, si vous avez le malheur d'avoir des chevaux fracturés, de ne pas négliger le moyen que vous offrent la nature et l'art, et de ne pas faire tuer ces animaux faute de pouvoir réduire les fractures.

J'ai l'honneur d'être, etc.

DESCRIPTION

D'UNE machine propre pour le traitement de la jambe cassée d'un cheval, inventée par M. le baron de *Sind*.

DISPOSEZ en quarré quatre piliers, hauts de sept à huit pieds, et mettez en travers à six pieds de terre, quatre autres piliers de bois, donnez aux piliers trois pouces d'équarrissage et l'épaisseur d'un demi pied aux joints qui sont en travers; observez que la hauteur de 7 à 8 pieds des piliers posés à plomb, soit prise hors de terre, et qu'ils soient enfoncés en terre un pied et demi, pour que la machine resiste aux efforts que le cheval pourroit faire; mettez ensuite en travers, des deux côtés latéraux, deux morceaux de bois cylindriques, qui soient à la hauteur d'environ un pied au-dessus du ventre du cheval, et dont les deux bouts traversent l'épaisseur des piliers, et se terminent à la partie postérieure par un cric, dans les grains duquel s'engraine un fer pour les retenir; vous attacherez à ces traverses cylindriques, à égale distance, et sur les côtés paralelles 3 ou 4 crochets de fer, la pointe en haut, pour y attacher une peau.

Quand votre machine sera ainsi construite, et que le lieu sera tellement solide, qu'il ne puisse être ébranlé, vous placerez dans cette loge votre cheval malade, après lui avoir arrangé les parties de l'os cassé, et les avoir fixées par des compresses et des attelles, bien assurées par des bandages; le cheval une fois placé, faites passer sous son ventre une peau de bœuf ou de vache, que vous attacherez par des anneaux aux crochets fixés à égale distance, dans les traverses cylindriques; vous tendrez cette peau de façon qu'elle joue néanmoins tant-soit peu sous le ventre du cheval, afin que l'animal étant débout, ne la touche pas et qu'il soit obligé de se baisser un peu pour s'y appuyer dessus lorsqu'il veut se reposer.

Par le moyen de cette machine on pourra placer le cheval à jambe cassée, sans craindre aucun accident qui puisse empêcher ou retarder sa guérison.

LETTRE

SUR

Les Maladies épizootiques des Bestiaux.

Les Maladies épizootiques sont, monsieur, dans l'art Vétérinaire, ce que nous appellons en Médecine, épidémiques, elles se manifestent presque toutes par les mêmes symptômes, et affectent dans un seul et même instant la plus grande partie des animaux de la même espèce. Quelques unes de ces maladies occasionnent souvent de grands ravages et font périr en peu de tems la plupart des individus qui en sont infectés; d'autres, quoique pareillement épizootiques, ne sont pas si funestes; mais en revanche elles sont de plus longue durée.

Pendant le courant des années 1745, 1746 et 1747, il regnoit en Europe une de ces épizooties parmi les bêtes à cornes, qui enleva plusieurs millions de ces animaux; cette maladie se manifestoit, ainsi que l'a observé *Sauvage*, par des boutons qui paroissoient sur la peau des bœufs ou des vaches qui en étoient attaqués : en lisant le mémoire de ce sçavant Médecin, vous trouverez le remède qui a été employé pour lors avec succès contre cette maladie: il mérite d'être transmis à la postérité, pour y avoir recours, si jamais le cas le requéroit.

„ Il faut, dit ce célèbre Médecin de Montpellier, ouvrir les boutons qui paroissent, ou lors qu'il n'y en a point, faire deux ou trois incisions à la peau, dans les endroits où l'on voit de l'enflure; on mettra dans ces incisions une pincée de la seconde écorce de cassis, où groseiller noir. Avant d'insinuer cette écorce de cassis, il faut passer le doigt dans les ouvertures faites à la peau, et en faire sortir le pus qui s'y trouve; on renouvellera ces tentes pendant trois ou quatre jours, et avant de les ôter pour en mettre d'autres, l'on ne manquera pas de presser la peau autour des incisions, pour faire sortir les matières que les tentes ont attirées; on prendra à cet effet une once d'*assa fœtida*, une once de *camphre*, deux têtes d'*ail*, le tout bien pilé et mêlé ensemble; on partagera cette composition en deux et on en mettra successivement la moitié dans une bassinoire, remplie de charbons bien ardens, à quoi on ajoutera une pincée de baies de *genièvre*, ensuite après avoir fermé exactement la porte de l'étable, on portera cette bassinoire sous le nez de chaque bête malade ».

On a aussi éprouvé avec succès, dans le tems, qu'en enfumant les écuries avec de la graine de *genièvre*, mise sur le feu, et qu'en jettant un verre de vinaigre avec une pincée de poivre sur une tuile ou une brique bien rouge, les bestiaux qu'on logeoit ensuite dans cette écurie ainsi parfumée, se trouvoient garantis de la maladie contagieuse qui regnoit dans ce tems. Ces remèdes sont d'autant plus sûrs, que *Sauvage* dit avoir été témoin de leur succès,

Dans le pays Messin on se servoit pour inserer dans les incisions qu'on faisoit à ces animaux, au lieu de la seconde écorce de cassis, de la racine d'*ellebore* puant, connu plus communément sous le nom de pied de *griffon*.

Il y a certaines provinces de la France dans lesquelles les bœufs et les chèvres sont souvent exposés a nourrir sous leur peau, des vers, qui se metamorphosent ensuite en mouches; ce qui leur occasionne des tumeurs principalement sur le dos, et les fait maigrir souvent si fort, qu'ils en tombent dans l'hétisie.

Triewald membre de la société de Stocholm, a publié un remède pour guérir les tumeurs dont les rênes. animaux si nécessaires dans son pays, sont souvent infectés, qui pourroit pareillement convenir pour les tumeurs des bœufs et des chèvres; il ne s'agit, dit cet académicien, que de mettre quelques gouttes de goudron dans chaque trou que l'on appercevra sur le dos de l'animal; si l'insecte qui s'y trouve a encore son état de ver, il est impossible qu'il puisse survivre, parce que tout ver qui se trouve enduit de matière huileuse, ne peut plus respirer, d'autant que ses pores en sont bouchés; il ne peut par conséquent échapper à la mort; à plus forte raison doit-il mourir, si ses pores sont obstrués par du goudron, qui est très-fœtide; quand même l'animal seroit devenu chrysalide, le goudron ne lui donnera pas moins la mort; ce goudron s'endurcira et par la chaleur du soleil et par celle de l'animal, qui en feront évaporer les parties aqueuses, et en s'endurcissant il étouffera l'insecte, ou du moins, s'il ne l'étouffe pas, il tiendra l'ouverture de sa demeure fermée, et étant ainsi close, il en augmentera la chaleur au point même, que la mouche pourra éclorre au milieu de l'hiver, et elle en périra pour lors infailliblement.

Pour prévenir dans les bestiaux ces sortes de tumeurs, dont ils sont affectés, il faut empêcher les mouches de déposer leurs œufs dans leurs poils. Un onguent composé de goudron et de crême de lait, fait très-bien dans pareilles circonstances, quand ce sont les brébis qui se trouvent infectées de ces vers entre cuir et chair. Si vous voulez, M. leur apporter du soulagement et même les empêcher de périr, il faut les frotter avec un onguent de goudron, de beurre et du sel; on l'étend depuis le front, tout le long du dos, et sur une partie des épaules.

En 1756, les brébis de la Saxe furent affectées

d'une espèce de petite vérole, connue sous le nom de clavelée ; elles furent guéries de cette maladie bien singulierement ; on les laissa a l'abandon dans un jardin, quoique néanmoins fermé ; elles y mangerent du poivre long de guinée, et elles reçurent à l'instant du soulagement Dans cet Electorat on guérit les chevaux de la retention d'urine, en leur donnant des *belemnites* pulvérisées, qu'on délaie dans quelque liqueur appropriée.

En 1764, une maladie épizootique occasionna beaucoup de ravages parmi les poules, dans le royaume d'Espagne ; il en périssoit chaque jour une quantité considérable; par l'ouverture qu'on fit de ces oiseaux, on rémarqua que cette épizootie étoit occasionnée par beaucoup de sérosités, qui se trouvoient dans leurs parties intérieures ; il y avoit aussi une maladie presque semblable parmi les chiens.

Pendant le courant de la même année 1764, il y eut encore une maladie épizootique, qui infecta les bœufs, les moutons, les cochons et les chevaux. A Nordhonsen et ses environs dans le Holstein, une matière putride s'écouloit de dessous les ongles des cochons et les leur faisoir tomber ; leur grouin et leur peau se péloient en même - tems; quant aux chevaux, la corne des pieds leur restoit ; aucun des animaux affectés de cette maladie n'en mouroit.

Leclerc, ancien médecin des armées du roi, donne la description d'une maladie épizootique qui affecta les bestiaux de la Hollande, en 1744, 1745 et au commencement de 1746 ; cette maladie est sans doute la même que celle pour laquelle *Sauvage* a conseillé la seconde écorce de cassis; je vais, M. vous décrire les symptômes de cette épizootie : le poil de ces animaux se hérissoit, bientôt après il leur survenoit un tremblement presque universel, les oreilles et les cornes ne tardoient pas a devenit froides ; il survenoit une rougeur inflammatoire aux yeux et sur la corne de la bête malade; quelques uns âvoient cette rougeur dès le commencement de la maladie, d'autres seulement vers la fin et très-peu de tems avant la mort. On a rémarqué plusieurs fois dans différentes contagions, que les yeux ne deviennent pas toujours rouges, mais que communément ils prenent une couleur jaunâtre et paroissent s'enfoncer dans leurs orbites; la plus grande partie des bêtes infectées avoient un écoulement de larmes; d'autres avoient les yeux abattus et sans larmes; dans quelques unes le nez paroissoit enflé et il en découloit une morve continuelle; dans d'autres les narines étoient retrecies, très-rouges, sans aucun écoulement; on a observé quelquefois, que le milieu du nez étoit de travers avec de petites convulsions; peu de tems avant la mort, il en découloit une humeur sanguinolente, d'une odeur insuportable. On a aussi rémarqué que dans plusieurs la lèvre supérieure étoit engorgée, et que l'inférieure étoit pendante et comme privée de sentiment; la bouche fournissoit une grande quantité d'humeur et de salive; les gencives rouges, enflammées, pleines de varices, étoient parsemées de petits boutons jaunâtres, d'aphthes ou de petits chancres, dont le nombre augmentoit considérablement avant la mort de l'animal; cet accident étoit suivi de l'ébranlement général de toutes les dents. On a vu aussi la même chose au palais et à la langue, qui se couvroient alors d'une saillie blanchâtre et moisie; les gencives se trouvoient aussi quelquefois, mais néanmoins, très-rarement attaquées de petits ulcères; il survenoit à plusieurs un bubon, ou une dureté inflammatoire vers le milieu du col, aux fanons et aux aînes: les unes pouvoient se tenir sur leurs jambes et se coucher, d'autres, au contraire, avoient les jambes roides et ne se couchoient point jusqu'à leur mort; quelques unes, enfin, ne pouvoient se soutenir que sur les jambes de devant ; les pieds de derriere étoient si sensibles, qu'elles ne pouvoient supporter l'attouchement ; pour peu qu'on les frottat avec la main, elles se panchoient en arriere. Ce symptôme est une marque certaine d'une grande douleur : c'est la réflexion que fait *Leclerc* à ce sujet. Le battement des artères, que l'on rémarque aisement dans les bêtes maigres et difficilement dans celles qui sont grasses, étoit très-fort et très-fréquent au col et sur les tempes, en comparaison de celui des bêtes saines ; tels sont les premiers signes de la mortalité des bestiaux, qui affligea la Hollande; passons maintenant aux progrès de la maladie.

Vers la fin du second jour, ou ordinairement dans le troisième, la respiration devenoit difficile et l'opression augmentoit rapidement; on rémarqua alors un mouvement violent et continuel dans le ventre : tous les muscles du col et de la poitrine étoient dans le travail ; l'animal poussoit des soupirs et des gémissemens ; il rendoit par le nez et par la bouche un écoulement de morve et de salive : ces matières étoient pleines d'écume ; elles devenoient infectes et sanguinolentes avant la mort. La plupart des animaux infectés ne jouissoient d'aucun sommeil ; les autres dormoient un peu. Quand on a examiné leur cerveau, après la mort les toiles membraneuses qui lui servoient d'envelope, étoient rougeâtres et enflammées ; presque tous ces animaux s'affoiblissoient fort vite et périssoient subitement, comme assommés d'un coup de marteau, le 4e. le 5e. ou 6e. jour ou plus ; les urines ne différoient que très-peu de l'état sain ; quelquefois seulement elles étoient plus colorées, et d'autres fois plus claires qu'elles ne le sont naturellement ; quelquefois aussi l'odeur en étoit très-pénétrante ; les consistances des excrémens étoient plus variées dans les bêtes malades ; les unes étoient opiniatrement constipées ou ne rendoient que très-peu d'excrémens fort durs, depuis le commencement jusqu'à la fin de la maladie ; quelques autres au contraire, les rendoient durs au commencement et liquides vers la fin ; d'autres enfin, les rendoient liquides depuis le commencement jusqu'au moment de leur mort : mais en général, peu de tems avant qu'elles ne périssent, tous les excrémens étoient plus ou moins noirs, fétides et quelquefois purulens, rarement se trouvoient-ils mélangés d'un sang dissout : on ne rémarquoit aucune différence entre le lait des vaches malades et celui des vaches saines ; le lait des premières étoit seulement moins abondant et donnoit plus de crême que celui des deruières ; mais quant au goût, à l'odeur, à la couleur, à la coagulation, à l'ébullition, il n'y avoit aucune disparité ; la seule rémarque qu'on a pu faire, c'est qu'on s'est apperçu que le lait trait la veille où le jour de la mort, étoit un peu alteré et prenoit une teinture jaunâtre, l'odeur en étoit pour lors désagréable : et le goût un peu âcre et alkalin.

Telle est, monsieur, la description de la maladie épizootique des bêtes à cornes en 1745. Il seroit à desirer qu'on nous eut transmis jusqu'à present dans des termes aussi clairs et avec autant d'exactitude et de précision, toutes le maladies épizootiques qui ont regné jusqu'à present dans le betail, on auroit plus de connoissance qu'on en a sur ces maladies.

Les symptômes de la maladie épizootique qui a ravagé la Hollande, la Prusse, la petite Russie sont les mêmes que ceux de la maladie qui a regné depuis à Harlem, suivant *Los-huy-sen*, un des magistrats de cette ville.

Les médecins du collège de Kœnisberg, en parlant de la contagion qui regnoit parmi les bestiaux de leurs cantons, la décrivent ainsi : Les yeux de la bête infectée donnent un écoulement de larmes ; ses narines forment une morve presque continuelle; elle tremble et frissonne; elle a la tête et les oreilles pendantes et froides; tels sont les symptômes généraux; les vaches perdent leur lait peu-à peu; tous les animaux affectés marchent avec peine; ils se plaignent et soupirent; les uns boivent avec avidité et les autres difficilement; la plupart sont attaqués de grincement de dents, de difficulté de respirer, de constipations opiniâtres et de cours de ventre. Dès qu'un ou plusieurs animaux sont attaqués de ces symptomes, disent ces médecins, on peut dire que la contagion commence ou qu'elle a déjà fait ses progrès.

En 1713 il regna en Italie une contagion qui la devasta prèsqu'entierement de bestiaux; il en périt près de 30 milles dans le seul état éclesiastique. Cette maladie se manifestoit dans quelques unes par des mugissemens, par une espèce de terreur, dont ils se trouvoient saisis, par mille mouvemens différens, qui paroissoient provenir de cette terreur, et par une froideur subite et précipitée; parmi ces bestiaux, il s'en est trouvé qui furent tout-à coup frappés d'une mort soudaine, comme s'ils enssent été atteints de la foudre; les bœufs d'une complexion foible et débile, y étoient extrêmement sujets; on rémarqua dans presque tous une tristesse profonde, à peine pouvoient-ils soutenir leur tête; leurs yeux étoient troubles et larmoyans; une quantité surprenante de muscosité et de salive fluoit de leurs naseaux et de leur bouche; une fièvre violente accompagnoit tous ces symptômes; un abattement considérable ne permettoit pas à ces animaux de se tenir débout; leurs poils étoient hérissés; leur langue, leur bouche et leur arriere - bouche enflammées, alterées et plus ou moins semées de pustules. Tous ces symptômes n'etoient pas les seuls; d'autres les avoient déja précédés; les animaux affectés étoient d'abord devorés par une soif ardente; bientôt ils refusoient et boisson et fourrage ; plusieurs étoient affectés d'un flux considérable; leurs déjections étoient de couleurs différentes, toujours très-fétides et quelquefois sanguinolentes; la plupart périssoient dans l'espace d'une semaine, ayant une opression des plus violentes; leur haleine étoit d'une puanteur insoutenable et par-dessus tous ces symptômes, une toux forte se mettoit encore souvent du parti.

Nous trouvons, monsieur, dans les ouvrages de *Leclerc*, une rélation exacte de la maladie contagieuse qui ravagea le Danemarck ; cette rélation fut adressée, dans le tems, à la société royale d'Agriculture.

La contagion, lit-on dans ce narré, se repand avec beaucoup de rapidité ; les animaux les plus jeunes, les plus robustes et les mieux portans en sont le plutôt attaqués, et meurent plus promptement. On a rémarqué que dans la plupart des sujets, la toux est le premier symptôme du mal, les yeux deviennent ternes, humides et chassieux ; il en distille même des larmes ; le lait tarit chez les vaches, c'est même la marque la plus sûre que la maladie les a gagnées. Au commencement l'animal a froid jusqu'à frissonner à-peu-près comme dans la premiere période d'un accès de fièvre dans l'homme ; l'ardeur survient ensuite et dure plusieurs jours ; elle est surtout sensible à la nuque, soit par la chaleur même, soit par le battement du pouls ; l'animal malade perd l'appetit, mais il boit volontiers, tant que l'inflammation ne l'empêche pas d'avaler. Il sort abondamment de ses narines et de sa bouche, une matière baveuse, accompagnée d'une puanteur insupportable, et les dents s'ébranlent chez la plupart ; la corruption survient quelquefois, mais dans tous ou presque tous les sujets, il y a diarrhée dans le commencement ; il ne sort guères d'excremens, mais de l'eau. Vers la fin de la maladie, les deux dernieres articulations de la queue se corrompent et devinnent mollasses ; si on enleve la peau qui les couvre, il en sort une matière purulente et fétide. La corruption gagne de proche en proche jusqu'aux cornes, qui devienneet froides et se vuident. Le mal est à son dernier terme, lors que le froid atteint les oreilles et les narines ; c'est pour lors que d'ordinaire l'animal meurt, au sixieme ou au septieme jour depuis que le mal s'est manifesté.

L'ouverture du cadavre montre la vésicule du fiel excessivement grande et pleine d'une liqueur plus semblable à de l'urine qu'à de la bile ; on a trouvé dans la poche bilieuse de quelques uns jusqu'à 3 livres pesant de cette liqueur ; dans beaucoup de sujets, l'estomac et les intestins se sont trouvés remplis de vers, qui vivoient encore à l'ouverture de l'animal ; il y avoit aussi dans les vaisseaux sanguins, certains insectes qu'on a nommés *plies*, à cause de leur figure qui ressemble à celle de ce poisson ; quelquefois leur cerveau a paru entierement dissout en pus et en eau ; en plusieurs sujets, les veines étoient remplies d'un sang noir ; beaucoup avoient le col enflammé ; dans d'autres l'inflammation s'est jettée sur les oreilles, et après la mort on a vu l'une et l'autre de ces parties gangrenées ; les ventricules étoient remplis d'alimens non digerés ; ces alimens étoient si dessechés et si compactes, qu'on ne les divisoit qu'avec beaucoup de peine ; les vaisseaux qui tapissent la membrane des estomacs et des intestins étoient marqués de taches noirâtres et livides qui indiquoient évidemment la gangrene. A certains sujets le foie et la rate étoient couverts de petites tumeurs si dures, qu'on ne pouvoit les écraser, et qu'elles sembloient au toucher être des grains de menu sable ; le reste de la substance de ces visceres étoit, au contraire, si mollasse, qu'on les prenoit sans effort en les pressant. Quelques cadavres n'ont fourni aucun indice de maladie ; le sang qu'on a tiré de ces animaux étoit d'un rouge clair et découloit en écumant et en fumant, signe d'une grande inflammation; mais après qu'il étoit refroidi, on n'y trouvoit plus rien de liquide, tout n'étoit plus qu'une masse écumeuse, qui pouvoit être tranchée comme une gla.

Telle est, monsieur, la description de la maladie contagieuse du betail en Danemarck; elle a beaucoup de rapport avec celle qui a regné en Prusse et dans la petite Russie, ainsi que vous pouvez le rémarquer, en faisant le paralelle de celles-là avec celle-ci; j'ai donné la rélation de celle de Prusse au commencement de cette lettre; la contagion qui a regné en Italie, est aussi à-peu-près la même, puisque les symptômes n'en diffèrent pas essentiellement; si on compare ensuite toutes ces différentes maladies contagieuses avec celle qui affligea la Hollande en 1744, 1745 et au commencement de 1746, il sera facile de s'appercevoir de leur ressemblance.

Mais il ne s'agit pas de détailler les symptômes des maladies contagieuses, il faut encore les développer, et ce n'est qu'en procédant ainsi, qu'on pourra parvenir à répandre quelques rayons de lumière sur l'art vétérinaire.

1°. Nous avons rémarqué dans cette lettre, que le poil de l'animal attaqué de la contagion se hérisse, ou se dresse; cela ne peut provenir que d'un frisson, et ce frisson indique, sans pouvoir même s'y tromper, que la circulation languit dans les parties éloignées du cœur; plus ce frissou sera long et violent, et plus aussi la chaleur qui suivra sera vive et consumante.

2°. Nous avons dit que les animaux perdent l'appetit, mais cela ne peut se faire que le vice transmis n'ait changé et dépravé les sucs de l'estomac; car, c'est pour l'ordinaire par cette voie que la contagion se transmet, et c'est aussi sur ce viscère qu'elle exerce ses premiers ravages: ce fait n'a pas besoin

besoin d'être prouvé; il porte avec lui l'évidence; plus l'animal sera dégoûté, moins il prendra de nourriture propre â rafraîchir son sang et à émousser l'âcreté du venin, plus aussi la chaleur, l'inflammation et ses effets connus hâteront sa destruction.

3°. Les cornes et les oreilles des animaux malades, deviennent, comme nous l'avons observé, froides. Que peut signifier un pareil symptôme, sinon que la force du cœur se trouve trop foible pour pouvoir pousser le sang et les autres humeurs du centre vers la circonférence?

4°. Nous avons encore donné pour symptômes, l'enflure et la rougeur des yeux, quelquefois même leur couleur jaune, leur enfoncement et les larmes qui en découlent : de pareils symptômes n'annoncent rien que de très-mauvais; le cerveau doit se trouver alors dans un état inflammatoire, les nerfs doivent aussi être nécessairement dans un état de souffrance, et les humeurs dissoutes par l'action du venin, ou poussées avec trop de volume se trouvent pour lors avoir pénétré des vaisseaux qui n'étoient pas faits pour eux.

5°. La langue de l'animal est tantôt aride et sèche, tantôt couverte d'une espèce de salive blanchâtre, écumante. Que conclure d'un pareil symptôme? sinon qu'il y a un feu central qui désseche, qui consomme les estomacs et les petits intestins de l'animal. Les petits boutons jaunâtres, les varices rouges et livides, les ulcères qui affligent les gencives, la langue, le palais et tout l'intérieur de la bouche, dénotent indubitablement le mauvais état des viscères et des humeurs qui les arrosent; aussi rémarquons-nous toujours des aphtes ou des chancres à la bouche où à la gorge, dans les fiévres putrides et malignes, et rarement l'orifice supérieur de l'estomach se trouve-t-il dans la peste sans le charbou.

6°. Nous avons donné pour sixieme symptôme,

la constipation de l'animal au commencement de la maladie ; ses excremens, avons-nous dit, sont durs, noirs et brûlés et deviennent dans la suite liquides et putrides ; ne sont-ce pas là, monsieur, des preuves de la nature et des effets d'une cause âcre, incendiaire et rongeante ?

La respiration, (7.e symptôme.) devient de plus en plus genée dans l'animal affecté ; elle ne peut même presque plus se faire ; c'est l'indice certain d'un poumon accablé et enflammé, qui ne peut vaincre la resistance des humeurs sur lesquelles il doit nécessairement agir, ni se prêter à l'entrée de l'air, principe de son mouvement ; dans ce cas péripneumonique la suffocation est imminente.

8°. Enfin, nous avons indiqué pour derniers symptômes qui se déclarent ordinairement vers le quatrieme ou cinquieme jour de la maladie, le tremblement, les mouvemens convulsifs, la rigidité ou la foiblesse des animaux, qui ne peuvent se coucher, ou se soutenir sur leurs jambes, et leur prompt abattement, qui est presque toujours suivi de la mort. Tous ces différens symptômes dénotent que non-seulement le venin contagieux exerce ses ravages sur les solides et fluides à la fois, mais qu'il attaque encore dès le premier instant, le principe même des nerfs.

Pour se convaincre si ces raisonnemens étoient d'accord avec l'expérience, on a fait l'ouverture des animaux morts de ces épizooties, au nombre de 70, avec l'exactitude la plus scrupuleuse : nous allons rapporter ici le résultat de ces observations anatomiques.

1°. Après la mort les yeux de l'animal sont presque toujours jaunes ou rouges, ou parsemés de veines brunes et livides.

2°. Les humeurs qui découlent des nazeaux, de la bouche et des autres parties du corps, sont pour l'ordinaire sanguinolentes et très-putrides.

3°. Quelquefois le ventre est gonflé et tendu comme un tambour ; d'autres fois il est considérablement diminué et affaissé; on observe toujours l'affaissement sur les animaux, qui ont eu de grandes évacuations pendant la maladie.

4°. La roideur des jambes est très-forte sur-tout de celles de derriere.

5°. Quand les symptômes de la contagion ont été violens, le cuir de la bête écorchée est un peu endommagé, mais ce fait est très-rare.

6°. Le tissu cellulaire et les endroits gras sont souvent attaqués d'inflammation, de sécheresse ou de noirceur.

7°. La chair change ordinairement de couleur et en prend une brune; souvent elle contracte une noirceur extrême après la mort.

8°. Dans la glande connue sous le nom de *forme de bouclier*, qui cause l'enflure au cou, le bubon est ordinairement rouge, livide, gangrené, c'est un vrai bubòn pestilentiel : on n'a trouvé aucune rougeur ni inflammation dans la glande surnommée *glande de la gorge*.

9°. La substance du cerveau n'est que rarement alterée, mais ses vaisseaux se trouvent souvent variqueux; les tuniques, les toiles, ou les membranes qui servent d'euveloppes à ce viscère, sont presque toujours enflammées, principalement dans les animaux qui, pendant la maladie, ont eu des insomnies continuelles.

10°. Le poumon n'est jamais sain, on le trouve plus ou moins infect, rouge, érésipelateux, livide, gangrené et couvert de tâches noirâtres; mais la trachée artère est tellement infectée que sa tunique intérieure s'en separe sans effort.

11°. Le médiastin, la plevre, le péricarpe et le diaphragne sont toujours ou enflammés, ou gangrenés.

12°. Il est rare de trouver le cœur entierement

sain ; l'intérieur, l'extérieur et la substance charnue de ce viscère portent des marques de contagion ; on n'a jamais trouvé ses cavités vuides, elles sont remplies d'un sang alteré, ou d'un sédiment qui ressemble à une lie brune.

13°. A l'ouverture du ventre, on trouve toujours le mésentère enflammé ; le foie et la rate sont souvent d'une couleur noire ou encrée; ils sont ridés, dessechés, quand ils ne sont pas gonflés d'un sang épais semblable à de l'encre ; il est très-dangereux d'examiner de près ces viscères, la puanteur qui s'en exhale fait presque toujours tomber en syncope ceux qui s'en approchent.

14°. On ne trouve dans la vesicule du fiel qu'une bile épaisse ou très-dissoute.

15°. Les différens ventricules ou estomacs offrent différens phénomènes ; le premier qui est connu sous le nom de *venter*, est ordinairement enflammé et quelquefois gangrené. Le second ou *reticulus* est quelquefois sain, quelquefois enflammé ; l'*arinaceus*, qui est le troisieme, est de couleur de plomb; plus cet estomac a été infecté de gangrene, plus aussi le reste des alimens qu'il contient, est noir, sec et brûlé ; dans ce cas, la tunique intérieure s'en sépare d'elle-même. Le dernier ventricule, qui est le *perfectibile*, est presque toujours de couleur du *minium* ; il est rempli d'une matière jaune, infecte et semblable aux excremens.

Boerhaave a trouvé dans ce dernier estomac, un sang extravasé, noir, brûlé.

16°. Les intestins sont toujours vuides et si pleins d'air, qu'à peine peut-on concevoir comment ils ont pu resister à une si grande extension ; on les trouve souvent parsemés de tâches livides, mais les gros intestins sont presque toujours ridés, retirés, ou très-flasques dans les animaux qui ont été constipés pendant la maladie ; ils sont remplis d'excremens durs et entierement semblables au reste de la nourriture que contient le troisieme estomac.

17°. Il est rare de ne pas trouver les rognons, autrement les reins sains : *Leclerc* ne les a jamais vus que deux fois enflammés et gangrenés; Boerhaave n'a jamais rémarqué d'altération à la vessie, non-plus que dans les conduits urinaires; cependant il y a des cas où cela arrive, et sur-tout dans les vaches pleines; *Leclerc* dit avoir rémarqué une inflammation dans la matrice ; les veaux qui s'y trouvoient renfermés avoient non-seulement les boyaux enflammés, mais leur poitrine et leur ventre étoient encore remplis d'une humeur sanguinolente et de mauvaise odeur.

De toutes ces observations vous devez, monsieur, nécessairement conclure, 1°. Que le venin contagieux qui affecte les bestiaux, se transmet par le moyen de l'air, qui est le reservoir et le véhicule de toutes les vapeurs et exhalaisons. 2°. Que les propriétés de ce venin, dépendent essentiellement d'un âcre quelconque, uni à un principe de feu, qu'on appelle *phlogistique*, universellement répandu dans toute la nature; c'est lui qui est la cause de la dilatation et de la liquidité des corps; de son union avec un sel alkali volatil, il en resulte un principe actif tumultueux un venin très-pénétrant et très-communicatif, dont la plus petite quantité suffit pour exciter une chaleur âcre et mordante, une inflammation vive qui se termine par la mortification ou la gangrene, si l'on n'y remédie pas à tems ; la nature de ce poison épidémique est donc de changer le caractère naturel, doux et balsamique des humeurs animales, pour leur communiquer le sien propre; il excite dans les animaux infectés une chaleur cruelle, une circulation rapide; il produit l'inflammation, des irritations nerveuses, des grincemens de dents, un prompt abattement des forces, la gangrene et la corruption,

3

quelquefois avant ou immanquablment après, la mort inopinée.

Examinons actuellement la maniere de traiter ces maladies; c'est une chose assez difficile: les indications a remplir dans ces cas sont, 1°. de diminuer autant qu'il est possible le cours impétueux du venin, et d'en émousser le stimulus. 2°. De prévenir d'abord l'inflammation, presque toujours inséparable de la fréquence, de la violence des battemens des artères et de la grande agitation des humeurs. 3°. De maintenir dans un juste équilibre l'actiou et la réaction des solides et des liquides. 4°. Enfin de procurer une voie convenable à la dépuration du sang et des humeurs.

Pour remplir la premiere indication, il faut dès l'instant même de l'apparition de quelques symptômes de ces maladies, saigner la bête malade par une grande incision faite au cou, à la poitrine, et même aux deux endroits à la fois, on peut tirer en une seule fois 5, 6 et même 7 livres de sang, selon l'âge et la force de l'animal: le leudemain de la saignée, si les symptômes n'étoient pas sensiblement diminués, on tireroit encore par les mêmes ouvertures, une égale quantité de sang: si après cette seconde saignée la violence du mal en exigeoit une troisieme, on la fera sans balancer. Passé le troisieme jour, on ne saignera plus; car pour lors la saignée devient entierement inutile et même souvent mortelle. Quand le besoin est urgent, on peut même saigner deux fois dans un jour. si l'animal est constipé et s'il ne rend que des excremens endurcis et brûlés, on lui donnera à prendre soir et matin une demi livre et plus d'huile de lin bien fraîche et un peu tiède; on pourra aussi très-bien lui donner un lavement composé de deux livres de cette huile et d'une once, ou même d'une once et demie de sel ordinaire dissout dans un verre de bon vinaigre; à défaut de séringue, on se servira d'une vessie de bœuf, ramollie dans l'eau tiède; on la remplira avec le lavement et à l'aide d'un canule, ou d'un large chalumeau bien uni, on donnera le remède par les voies ordinaires, en pressant la vessie pour le faire pénétrer.

Pour etouffer l'action du venin et prévenir l'inflammation. qui est la seconde indication à remplir, on ne donnera à l'animal pour toute nourriture, que de la farine de seigle bouillie dans du petit lait; s'il n'étoit pas possible d'en avoir une assez grande quantité, onferoit cuire, jusqu'à consistence de bouillie, du son et des pommes, qui, quand même elles ne seroient pas mûres, feroient cependant toujours beaucoup de bien; à défaut de ces deux choses, on pourroit employer des concombres, des citrouilles, des courges et un peu d'herbe verte coupée bien menue, et bouillie comme ci-dessus. On donnera trois ou quatre fois par jour, une assez bonne quantité de cette nourriture à l'animal malade, et on se gardera bien de lui présenter du foin; sa boisson ordinaire sera, monsieur, du petit lait, ou même du lait aigre, qu'on lui donnera toujours tiède, d'heure en heure, jour et nuit; on lui en fera boire à la fois une livre ou environ; au défaut du petit lait ou du lait aigre, on lui donnera de l'eau pure, à une dose légère. et on ajoutera, sur trois livres de boisson, un verre d'excellent vinaigre.

Voici actuellement les remèdes dont on fera faire usage à l'animal malade : Prenez nitre purifié. tartre de vin blanc, de chacun une livre; crême de tartre, quatre onces; camphre, deux onces; faites de toutes ces drogues mêlées ensemble, une poudre subtile. dont vous donnerez à l'animal malade une demie once chaque trois heures, dans une demie écuellée d'eau ou de petit lait; si l'animal refuse de prendre de la nourriture, de la boisson et des remèdes, on lui élevera la tête, et a l'aide d'une bouteille ou d'une corne percée, on lui versera

4

dans la bouche les alimeus ou les remêdes et l'on ne lui abaissera la tête que quand on sera sûr qu'il les aura avalés.

Si la chaleur, la fièvre, la difficulté de respirer et l'insomnie sont considérables, une heure ou environ aprês chaque prise de la poudre indiquée, on donnera à l'animal deux cueillerées du remède suivant, dans un peu de bouillon tiède.

Prenez vinaigre de vin, miel crud, de chacun six livres; nitre pulverisé, demi livre; huile de vitriol, demi once : mettez toutes ces drogues ensemble dans un pot de terre vernissé, sur un très-petit feu; agitez sans cesse ce mêlange pendant un quart d'heure, et prenez bien garde qu'il ne bouille, retirez ensuite le pot du feu, laissez refroidir ce mêlange et donnez ainsi qu'il est dit.

Depuis le commencement de la maladie jusqu'à la fin, il faudra avoir soin de frotter et de laver plusieurs fois la bouche, les gencives et la langue des bêtes malades avec le remède suivant.

Prenez excellent vinaigre, eau-de-vie, huile de lin, parties égales, faites-y fondre un peu de sel de nitre; pour se servir plus commodément de ce mêlange, faites usage d'une petite éponge attachée au bout d'un bâton.

Si l'animal est attaqué d'un grand cours de ventre, comme cela arrive quelquefois, on se gardera bien de lui donner de l'huile de lin, elle le relacheroit trop; on diminuera aussi d'un tiers et même de moitié les remèdes ci-dessus prescrits; l'usage d'une très-grande quantité de petit lait mêlé de farine et de son est très-bien indiqué.

Quand l'animal malade commence a se retablir, ou quand il paroît l'être entierement, il ne faut pas pour cela suspendre les remèdes; il faut au contraire, en prolonger l'usage et ne les diminuer que peu-à-peu. Une précaution qui n'est pas moins essentielle que celles que j'ai prescrites ici, c'est de frotter doucement deux fois par jour les bêtes malades, avec une étrille de fer, on ouvre par ce moyen les pores de la peau, on facilite la transpiration, et les humeurs s'échappent en partie par cette voie.

Les incisions et les cautères sont encore très-efficaces dans les maladies épizootiques; on ne peut assez les recommander: on percera donc, quand une bête à cornes est infectée de maladies contagieuses, la peau qui pend au dessous de son col, avec une grosse aiguille d'acier, de la largeur d'un stylet, enfilée d'une corde faite de 7 à 8 ligneuls ou fils poissés, qui ne soient pas retors; on fera agir 2 ou 3 fois par jour cette corde, enduite de l'onguent *Basilicum*, en la faisant aller et revenir dans l'incision, ayant soin de bien nouer les deux extrémités, afin que la corde ne sorte point de l'ouverture: ce moyen est si salutaire qu'on n'a jamais vu périr aucune bête à laquelle cette opération a été faite; d'ailleurs on tiendra les bêtes malades le plus proprement qu'il sera possible; on netoyera régulierement 2 fois par jour les étables; on en enlevera le fumier et on l'éloignera même du village; quand l'air sera sain ou que le vent viendra du levant, on ouvrira les fenêtres de l'étable; au cas qu'il n'y en ait point, on y en pratiquera; de 6 heures en 6 heures, le jour et la nuit on parfumera les 4 coins de l'écurie, avec du fort vinaigre jeté sur des pierres ou des briques bien chaudes: on peut aussi y faire brûler alternativement, une bonne pincée d'un mêlange composé de poudre à canon, de sel commun, de graines de génièvre et de baies de laurier concassées; tel est le vrai traitement pour les maladies contagieuses, conforme à la pratique médicinale, infiniment supérieur sur celui pratiqué par les paysans, qui loin d'attaquer les causes, favorisent et perpetuent même les maladies; l'usage de l'ail, de l'eau-de-vie, du souffre, de la thériaque, pris intérieurement ne peut assez être prescrit, suivant *Leclerc*, dans le traitement des maladies des bestiaux.

Examinons actuellement les précautions qu'on peut prendre pour garantir les bestiaux de la contagion, car elle se transmet de proche en proche; elle se communique souvent d'une bête à l'autre avec rapidité. et devaste ainsi les campagnes.

Les chefs des communautés empêcheront toute communication d'hommes et d'animaux, avec la communauté qui est affligée de la contagion, c'est là la précaution la plus nécessaire; on infligera même les peines les plus graves à tous ceux qui enfreindront des ordres si sages, et si on s'appercevoit que quelqu'un fut allé dans les lieux infectés, il faudroit le bannir avec les animaux, du lieu sain qu'on veut garantir. On a vu quelquefois des bêtes saines mugir et prendre la fuite devant ces personnes qui avoient été dans les lieux infectés, comme si effectivement elles avoient senti l'air contagieux qu'on leur apportoit. On évitera tout commerce avec les bouchers et tanneurs dans un tems de mortalité; on tiendra les étables bien propres et on les parfumera souvent; on pratiquera l'ouverture ou le cautère suivant la méthode indiquée ci-dessus.

L'expérience a prouvé que ces précautions guérissent les animaux malades, que ne doit-on pas attendre pour les sains? On frottera encore et étrillera les animaux sains, on leur lavera et on frottera la bouche deux fois par jour, de même que les gencives, avec le remêde ou l'éponge recommandés plus haut; on éloignera des villages toutes les ordures, les fumiers, etc. On fera très-bien de mettre dans les écuries saines ainsi que dans celles infectées, quelques chevaux avec les vaches; on a rémarqué que la vapeur du fumier de cheval empêchoit les progrès de la contagion des bêtes à cornes ; on empêchera encore le bétail de nager, d'aller à l'eau dans les lieux profonds et d'y rester long tems ; on n'enverra point les bêtes aux champs le matin à jeûn, principalement les jours de rosée et de brouillard ; on attendra que le soleil ait dissipé l'un et l'autre, on donnera pendant cet intervalle quelque chose à manger aux animaux, quand bien même ce ne seroit que de la paille. Telles sont, monsieur, toutes les précautions à prendre, quand la contagion est encore éloignée ; voici actuellement celles qui conviennent, lorsque la maladie commence a se manifester dans un lieu.

A l'instant ou l'on s'apperçoit qu'une, où plusieurs bêtes sont affectées des symtômes décrits ci-dessus, ou de ceux qui accompagnent la contagion voisine, on les assommera sur le champ et on les transportera d'abord dans un lieu désert, sans les écorcher ; on les mettra au milieu d'un tas de bois et on les fera brûler. *Lancisi* a proposé anciennement cet avis, dans une assemblée de cardinaux ; on le rejetta, après l'avoir balancé très-long tems, mais l'on ne connut que trop dans la suite combien il auroit été sage et prudent de s'y conformer ; on en eut la preuve dans le bourg de *Capravola* ; 5 bœufs furent subitement atteints du mal, après une prompte perquisition, on reconnut qu'un bœuf étranger s'étoit introduit dans le parc où l'on tenoit ceux du bourg renfermés ; on tua aussitôt le bœuf infecté, et la maladie n'eut point de suite ; mais il est juste en pareil cas d'indemniser ceux qui supportent ce dommage. Cependant si la contagion s'annonce tout-à-coup, et si elle affecte à la fois un grand nombre d'animaux, ce conseil ne pourroit se pratiquer ; il faut en pareil cas séparer avec soin les bêtes saines et les éloigner le plus qu'il sera possible, de celles qui seroient malades. Les personnes destinées a soigner les malades n'entreront point dans les étables des secondes, et celles des secondes ne communiqueront point avec les premieres. Le venin s'insinue aisement dans toutes les étoffes, principalement dans celles de laine; la contagion peut facilement se transmettre par cette voie, comme la peste se communique par la soie, la mousseline et le coton. Cette précaution prise, on traitera les animaux infectés selon la méthode rapportée et on garantira les sains par les secours pareillement indiqués.

Dès qu'une communauté se trouvera dans le voisinage d'un lieu infecté, on doit bien se garder d'attendre que la mortalité existe, pour se pourvoir de tous les secours préservatifs et curatifs; ils sont si simples, si faciles a trouver et si peu couteux, que la négligence de cet objet seroit impardonnable, avec d'autant plus de raison, que ces mêmes remèdes peuvent se conserver un très-grand nombre d'années, dans un lieu sec, sans rien perdre de leur éfficacité.

S'il périt quelques unes de ces bêtes malades, on les enterrera profondement dans un lieu éloigné du village; on battra bien les couches de terre qui les couvrent, de peur que les bêtes sauvages et les chiens n'aillent gratter et déterrer ces animaux. Au reste, les personnes qui auront soin des bêtes malades, ne doivent point avoir peur de gagner leurs maladies. La contagion des animaux ne se transmet point aux hommes; et si la mortalité des animaux à produit quelquefois des mauvais effets sur l'espèce humaine, c'est par la puanteur des charognes; c'est lorsque des gens, qu'on peut bien qualifier de scélérats, vendent en cachette et à bon marché de la viande d'animaux attaqués; mais il est très-facile de parer à ces incoveniens: il suffit qu'une police exacte veuille bien y veiller, pour n'avoir rien à craindre de pareils accidens.

Quand la contagion aura entierement cessé, on

récommandera à toutes les personnes qui auront eu soin des bêtes malades, de quitter les hardes dont elles se sont servies, de les parfumer souvent avec du soufre, et de les pendre ensuite à l'air, sous le toit; on évitera, en outre, de conduire les bestiaux dans les lieux où il y a eu contagion, avant l'écoulement d'une année entiere: le venin reste long tems caché dans le foin et la paille, et le mal ne manqueroit pas de se renouveller par cette voie, mais on pourra sans aucun danger se servir de ce foin et de cette paille pour nourrir les chevaux et les brébis. La contagion n'attaque jamais que les animaux de la même espèce.

Malgré ce que j'ai avancé dans cette lettre, sur la saignée, qui est le remède le plus efficace, lorsque les maladies des bestiaux sont inflammatoirrs, je vous invite, monsieur, à prendre garde si ces maladies sont du genre des putrides, car pour lors la saignée, loin d'être avantageuse, seroit très-préjudiciable et même mortelle, l'animal tomberoit dans un abattement dont il seroit fort difficile de le relever avec tous les secours de l'art: c'est ce qu'on doit conclure des observations des *Lind*, des *Pringle*, des *Huxham* et d'autres habiles médecins, qui ont suivi avec tant de succès les marches des maladies contagieuses sur les hommes; le sang des animaux est le même que celui des hommes, ou en diffère très-peu; il est donc susceptible de la même putridité qui occasionne les mêmes accidens; il doit donc être traité de la même manière.

J'ai l'honneur d'être, etc.

LETTRE

SUR

LA PETITE VÉROLE DES BRÉBIS,

CONNUE plus communément sons le nom de Clavelée ou Clavin.

LA brebis est pour l'homme, monsieur, l'animal le plus précieux, celui dont l'utilité est la plus immédiate et la plus étendue; seul il peut suffire aux besoins de premiere nécessité; il fournit tout à la fois, de quoi se nourrir et se vêtir, sans compter les avantages particuliers qu'on sait tirer du suif, du lait, de la peau et même des boyaux, des os et du fumier de cet animal; nous ne pouvons donc mieux faire que de veiller à la conservation de cet individu; il est sujet à une infinité de maladies, dont la plupart sont contagieuses.

Une des plus communes parmi les brébis et qui fait le plus de ravages dans les troupeaux, est la clavelée, espèce de petite verole; cette maladie est de tout tems et de toute saison; elle est beaucoup moins dangereuse dans le printemps et l'automne, que dans l'été et l'hiver; le grand froid et le grand chaud lui sont également contraires. Par les différens périodes du *Clavin* que je vais, monsieur, vous rapporter, vous pourrez juger de leur ressemblance avec la petite vérole qui affecte les hommes; si vous en faites le paralelle avec les périodes propres à cette derniere; il se manifeste par des pustules et boutons enflammés; ces boutons s'élevent sur tout le corps de l'animal, principalement et d'abord sur les parties dénuées de laine, telles que l'intérieur des cuisses et des épaules, le bas-ventre, les mammelles, le dessous de la queue et le nez. L'éruption est retardée ou accelerée selon la température de l'air, la force et l'âge des bêtes, les circonstances ou divers accidens qui surviennent; elle est néanmoins pour l'ordinaire complette le 4e ou 5e jour. Voilà, monsieur, ce qu'on peut appeller la 1re période de la maladie conforme, à ce que vous voyez, avec la 1re période de la petite vérole naturelle.

L'inflammation suit encore les mêmes regles; les boutons restent durs, rouges pendant 4 à 5 jours, second état de la maladie; après quoi ils s'éteignent blanchissent, deviennent mous, la supuration s'établit, 3e tems de la maladié, et enfin, pour le 4e tems, la peau se désseche et forme une croûte noire, qui tombe par la suite ; tel est à-peu-près le cours de cette petite vérole des brébis, lorsqu'elle est bénigne, mais rarement en voit-t-on de cette sorte; souvent l'inflammation en est si considérable, que les boutons noircissent et se déssechent sans suppurer; plus souvent aussi, ce qui est encore plus dangereux, l'éruption ne se fait qu'imparfaitement, les boutons sont petits, blanchâtres, peu nombreux. Si cette maladie se trouve par malheur compliquée avec une autre maladie des brébis, à qui on a donné improprement le nom de pourriture, l'animal estdans le plus grand péril ; les viscères affoiblis par la pourriture, n'ont plus la force de resister à la malignité du vice des humeurs que cause l'inflammation ; ou pour mieux dire, la nature dans cet animal, n'a pas assez de force pour se debarrasser à l'extérieur de la matiere morbifique. On a fait l'ouverture de celles qui ont été emportées tout à la fois par la clavelée et la pourriture, on a rémarqué constamment dans le plus grand nombre que les poumons étoient enflammés et couverts d'hydatides, d'un pourpre noir tacheté de taches livides : en pressant le doigt sur la superficie, on reconnoissoit distinctement les petits tubercules ou boutons, le foie étant parsemé d'hydatides monstrueuses, et la veine porte remplie de douves ; à l'ouverture des personnes qui meurent de la petite vérole, on a rémarqué à peu de chose près les mêmes phénomenes.

Quand il y a complication du Clavin et de pourriture, on s'en appeiçoit facilement, dès l'instant de l'éruption ; une humeur muqueuse plus ou moins épaisse, coule abondamment par les narines de l'animal malade ; sa tête se trouve entreprise, les paupieres se gonflent fortement et ordinairement se ferment, A ces funestes symptômes, survient encore un rale humide très-fort, une grande difficulté de respirer avec battement de flancs considérable, une haleine d'une puanteur insuportable et un dégoût absolu et universel. Vous pouvez bien vous imaginer, mousieur, qu'avec de pareils symptômes, l'animal n'a plus guère de tems à vivre, aussi périt-il pour l'ordinaire en 4 ou 5 jours. La plus grande marque qu'on peut avoir, sur-tout de sa mort prochaine, est l'abondance de sa morve, qui est presque toujours le vrai signe diagnostic de la pourriture. Si l'animal mange avec quelqu'apétit, si l'éruption s'établit bien, il y a esperance à guérison, quand même la tête seroit attaquée, que les paupieres seroient gonflées, ce qui arrive presque toujours, pourvu néanmoins que la morve ne se présente point, ou du moins très-peu : pour l'ordinaire les joues et le nez de la brébis malade, se trouvent couverts de boutons, les yeux mêmes en sont attaqués ; il s'établit dans cet organe une supuration très-prompte et très-abondante ; cette suppuration sauve plusieurs fois la vie de l'animal, mais presque toujours aux dépens de la vue.

Les dépôts et les abcès extérieurs, de même que

que tout ce qui tend à une prompte résolution purulente, ou qui peut procurer une ample évacuation de même nature, sont toujours favorables dans cette maladie; on remarque que les pustules larges sont les signes d'une clavelée bénigne. Par ce que je viens de dire, vous devez, monsieur, naturellement conclure que la malignité du clavin, ou sa bénignité dépend de son éruption complette ou incomplette, et de sa durée; l'air influe beaucoup sur cette éruption, sa température est ce qu'il y a de mieux dans les maladies varioliques des brébis; la chaleur ouvre les pores, le froid les resserre; le premier rend les fibres plus flexibles, l'autre les roidit; cependant l'excès de la chaleur est encore peut-être plus dangereux que celui du froid; l'animal qui se trouve trop affoibli par la chaleur, n'a pas la force de resister au virus de la maladie, ni de l'expulser; on pourroit encore ajouter, que lors que la chaleur est excessive, loin de relacher alors les fibres, elle les met dans une espèce d'érétisme trés-capable d'empêcher l'éruption; le passage subit du chaud au froid, est encore très-pernicieux dans cette maladie. Pour vous convaincre, monsieur, de la vérité de cette derniere proposition, il me suffit de vous rapporter ici deux faits. Au mois de decembre, (*Piemier fait.*) une jeune brébis forte et vigoureuse, dont l'éruption étoit bien conditionnée et qui mangeoit avec appétit, tombe en sortant de la bergerie, dans un fossé plein d'eau; on l'en retire bien vite, mais quelle en fut la suite? c'est ce que vous devez bien prevoir; tous les boutons disparurent, et elle mourut le jour suivant.

Dans le même tems (*Autre fait.*), la terre étant couverte de neige, un berger peu attentif et même très-indiscret, laissa sortir de la bergerie plusieurs de ses brébis malades, sous prétexte, disoit-il, de les abreuver et de les promener; elles en périrent presque toutes: le renouvellement d'air dans les bergeries, est très-salutaire pour cette maladie, mais il ne faut pas que le passage du chaud au froid soit trop subit; quand on veut le renouveller. il faut user de précautions et prendre même certaines mesures relatives à l'état des malades. Quand il se trouve dans un troupeau quelques brébis attaquées du clavin, il arrive toujours que presque toutes les autres s'en ressentent; malgré tous les soins que vous puissiez prendre pour arrêter la contagion, ses effets en sont toujours à craindre pendant 3 mois consécutifs, aussi, dit-on en proverbe commun, que le clavin dure 3 lunes; le second mois est pour l'ordinaire le tems ou la corruption fait le plus de progrès; cependant il arrive quelquefois, que dans un même troupeau plusieurs sont affectées de cette maladie, tandis que d'autres ne s'en affectent point.

La raison la plus plausible qu'on en peut apporter, à ce qu'il me semble, est la même que pour la petite vérole des hommes. Les brébis qui en sont intactes, ne le sont que parce qu'elles n'ont aucune disposition pour recevoir cette impression contagieuse, ou parce qu'elles en ont déjà été attaquées anciennement et qu'elles ne sont pas sujettes a avoir cette maladie 2 fois.

Il paroît que le véhicule de ce venin contagieux de même que de la plupart des maladies épidemiques et épizootiques est l'air; consultez là dessus une Dissertation que j'ai publiée sur les maladies épidemiques, et que je vous renouvellerai ici dans la suite de ces opuscules; ce venin variolique se communique souvent si rapidement, qu'il suffit qu'un troupeau malade rencontre un troupeau sain, sans néanmoins se mêler l'un dans l'autre, pour que le troupeau sain se trouve infecté souvent bien plus dangereusement. que celui d'où devient la contagion; la pâture et l'abreuvoir communs, les vents, en un mot toutes sortes de communications sont toujours à craindre de la part des troupeaux malades, pour ceux qui sont sains; cependant une observation bien digne ici de remarque, c'est que tous les agneaux qui naissent de brébis infectées, ne sont point attaqués, même en tetant leurs meres durant tout le cours de la maladie; on en a suivi pendant 2 mois et plus, qui n'en ont ressenti aucun mauvais effet. On pourroit s'épuiser en raisonnemens pour expliquer ce fait, mais la plupart ne peuvent être satisfaisans. Ne pourroit-on pas dire que ces agneaux ont eu la maladie dans le ventre de la mere? On a néanmoins observé que dans toutes les brébis mortes du clavin, après les avoir disséquées, on n'y a jamais rencontré aucun fœtus qui en portât des marques, soit extérieures, soit intérieures; cependant l'avortement est très-commun dans ces cas, il est même pour l'ordinaire funeste; la brébis épuisée par des efforts pénibles, joints à la violence du mal, tombe dans une foiblesse et un dépérissement qui l'enlevent en peu de jours.

Le clavin étant une vraie petite vérole, il exige conséquemment le même traitetement, proportion néanmoins gardée à l'espèce d'animal qui en est affectée.

Comme le clavin se manifeste toujours par une éruption de boutons; dès qu'on s'apperçoit que les brébis sont tristes et languissantes, il faut les visiter promptement; si vous remarquez des pustules, separez-les à l'intant, et mettez-les à part dans une bergerie, qui leur servira d'infirmerie, tant pour empêcher les progrès de la contagion, que pour être à même de leur administrer tout ce qui leur convient dans ce cas. Si la maladie paroît en été, choisissez pour infirmerie une bergerie grande, vaste et bien percée, afin d'y pouvoir entretenir toujours un air frais; si c'est au contraire en hiver, que cette maladie se déclare, il faut que l'infirmerie soit petite, bien couverte, peu élevée, enfin la plus chaude qu'il se pourra ; cependant vous pourrez, il est même d'une nécessité indispensable, renouveller l'air de cette infirmerie d'hiver, au moins une fois le jour, en ouvrant la porte ou les fenêtres, à l'heure la plus tempérée du jour, pendant un quart d'heure ; si vous négligiez tant soit peu cette opération, l'air se corromproit dans la bergerie, et s'infecteroit au point qu'il en contracteroit une puanteur insupportable. Cependant si le froid se trouve trop vif pendant l'hiver, et si par cette raison vous ne pouvez donner prudemment entrée à l'air extérieur, suppléez-y par des fumigations, quoique néanmoins le renouvellement de l'air soit préférable, mais il ne faut pas craindre qu'il en résulte aucun inconvenient; vous emploirez pour ces fumigations sèches des graines dê genièvre, de l'*assa fœtida* et d'autres drogues de cette espèce.

En suivant le cours naturel de la maladie, il y a deux indications à remplir sur le choix des remèdes ; il faut aider la nature dans l'éruption et conduire cette éruption à la suppuration ; ces deux indications bien remplies, forment tout le traitement de la clavelée. Quand l'éruption est favorable, la suite en est toujours heureuse, rien ne favorise plus cette éruption que les remèdes echauffans et diaphoretiques, qui produisent toujours la sortie des boutons, pat conséquent vous devez en faire usage dans ce cas. Le remède qui convient le mieux pour lors, et qui est le plus commode est sans contredit le soufre en poudre fine; on en donne à l'animal malade à la dose d'une demi - once ou d'une cueillerée une fois par jour ; on le mêle avec de l'avoine et du son ; il faut continuer l'usage de ce remède jusqu'au moment que la suppuration se trouve parfaitement établie. Il ne suffit pas, monsieur, de procurer l'éruption des pustules varioliques, mais il faut encore faciliter l'expulsion du virus, par toutes les voies naturelles, principalement par la transpiration et les urines. Le sel marin commun est pour les brébis attaquées de la clavelée, le diuretique le plus efficace, il a même la vertu de modérer dans cette maladie l'inflammation; vous dissoudrez donc une once, autrement une poignée de sel marin dans chaque seau d'eau, que vous donnerez pour boisson ordinaire et unique à l'animal malade. Rien ne prouve plus les effets avantageux du sel sur les brébis, que la vigueur et la parfaite santé des troupeaux, qui fréquentent les marais salés. On lit dans le premier volume des Mémoires présentés à l'Académie royale des Sciences, plusieurs observations qui constatent les bons effets du sel dans la nourriture des bestiaux.

Le soufre et le sel marin seront par conséquent les deux remèdes généraux dont vous devez vous servir dans la cure de cette maladie; ils paroissent l'un et l'autre avoir des qualités opposées, et ils tendent néanmoins l'un et l'autre au même but; l'un pousse par la transpiration et l'autre par les urines. La suppuration est, comme vous ne l'ignorez pas, monsieur, le moyen dont se sert la nature pour se débarrasser de ce virus variolique, rien ne conviendra donc mieux dans cette maladie, que ce qui pourra favoriser cette suppuration : les setons sont très-propres à remplir cette indication; l'endroit propre à ces setons et en même tems le plus favorable est la partie supérieure du sternum; vous levez pour cette opération la peau, en la prenant entre deux doigts, le plus qu'il est possible, vous la doublez par conséquent, vous la percez ensuite avec un fer rouge, ou avec un instrument pointu, après quoi vous passez une corde dans les 2 ouvertures dont vous liez les extrémités pendantes; vous enduisez cette corde dans toute sa longueur, d'onguent suppuratif, ou de basilicum; vous avez soin chaque jour de la tirer ou faire glisser entre cuir et chair ; pour renouveller l'onguent et le netoyer du pus qui s'y amasse ; vous pouvez varier cette opération, en vous servant d'un morceau de cuir, d'une lame de plomb, ou de telle autre matiere que vous jugerez à propos, que vous placerez entre cuir et chair, dans une incision faite à la peau, en sorte que ce corps ne puisse sortir; quelques jours après vous verrez se former dans cet endroit un amas de matiere, qui s'en écoule par l'ouverture, c'est ce qui se nomme *ortie :* si vous vous servez, comme je l'ai moi-même pratiqué, d'un morceau de racine d'éllebore autrement pied de griffon, il paroîtra au plus tard dans les 24 heures, une tumeur qui vous conduira à la suppuration, par le moyen du basilicum ; cependant je vous conseille par préférence, de vous servir de setons, de la maniere dont je viens, monsieur, de vous l'expliquer; vous pourrez aussi employer en même tems les vésicatoires, c'est le grand remède pour la petite vérole des hommes et qui est très-usité par les bons médecins praticiens ; cependant il n'est pas si efficace pour la petite vérole des brébis ; les vésicatoires n'agissent sur ces animaux que très-médiocrement, leur peau est trop compacte et trop onctueuse. Un anonyme assure avoir appliqué des emplâtres vésicatoires les plus forts sur la nuque d'une vingtaine de brébis, et les y avoir entretenues pendant 15 jours, sans avoir pu seulement obtenir le moindre écoulement sensible ; cependant si on pouvoit a force de recherches parvenir à rendre sur ces animaux, les vésicatoires plus actifs, il n'est pas douteux qu'on en tireroit de grands avantages, sur-tout si leur tête se trouvoit attaquée un peu violemment,

Il arrive dans cette maladie différens accidens, qui la rendent plus dangereuse et qui exigent des traitemens particuliers. Le 1er et le plus commun est une éruption supprimée ou rentrée ; quand les boutons sont petits, blanchâtres, pointus, variqueux, peu nombreux, l'animal est en péril imminent, principalement si la pesanteur de la tête et l'inappétance accompagnent cet accident. il n'y à pas de tems à perdre dans ce cas; il faut aussitôt hâter la suppuration et employer pour cet effet toutes sortes de moyens, tels que les setons, les orties, les vésicatoires, les remèdes qui poussent à la peau et qui tendent à la suppuration, sont pour lors très-bien indiqués : l'*assa fœtida* est de ce nombre, on en fera prendre à l'animal malade jusqu'à une demi once par jour; on l'emploie pour l'ordinaire en substance; mais comme cette drogue est très-dure on fera mieux de la dissoudre et de la mêler avec parties égales de baies de laurier en poudre ; on préparera avec ce mêlange une pâte, on en feraune espèce de bol, de la grosseur d'une noix et on en donnera une ou deux fois par jour à la brébis affectée de la clavelée, jusqu'à ce que l'éruption se manifeste totalement, et que l'animal ait recouvré l'appétit.

Il arrive quelquefois (*autre accident opposé.*), que l'éruption est si considérable, que le corps est entierement couvert de boutons enflammés, serrés et nombreux; lorsqu'on touche l'animal un peu durement, il paroît qu'il ressent une douleur aiguë, souvent il tombe même sans pouvoir se relever; saisissez-le par le cou, vous le voyez entrer au même instant en convulsion ; arrêtez-le par la laine du dos, vous le rendrez éreinté ; il se traîne sans pouvoir marcher, pendant quelques minutes. L'indication à remplir dans cette circonstance est de modérer la violence de l'inflammation, qui attaqueroit indubitablement les viscères, et se termineroit plutôt par gangrene ou mortification, que par suppuration. La saignée à la jugulaire remplit parfaitement cette indication; on se sert pour cette saignée d'une flamme, de même que pour les che-

4

vaux; et on tire environ deux onces de sang, qui peuvent équivaloir à une petite palète; les boutons diminueront en nombre par ce moyen, mais ils s'étendront et deviendront plus larges et plus susceptibles de suppuration, en cas qu'une saignée ne se trouve pas suffisante, vous aurez recours à une seconde : un excellent bol qu'on pourra en même tems faire prendre à l'animal, sera du salpêtre. à la dose de deux gros, incorporé avec du miel. Dès que la suppuration est une fois établie, l'animal se trouve aussi-tôt hors de danger; cependant vous ferez toujours très-bien de l'entretenir, en faisant continuer à la bête malade, jusqu'à la formation des croûtes, l'usage des remèdes généraux, dont je vous ai parlé ci-dessus; ces remèdes sont le soufre et l'eau salée; vous pourrez néanmoins retrancher le soufre, mais quant à l'eau salée, vous la donnerez tempérée pour boisson à votre animal malade, même pendant 15 jours, afin de purifier totalement le sang.

La clavelée est presque toujours funeste et mortelle, quand elle se manifeste par des boutons d'un pourpré foncé ou violet; et quand les tegumens du bas ventre sont de la même couleur, et parsemés de vaisseaux noirâtres, ces indices n'annoncent que trop une gangrene interne, une dépravation générale des humeurs et leur dissolution; cependant si vous voulez essayer quelques remèdes dans ces cas, quoiqu'il n'y ait pas grand succès a en attendre, vous pourrez employer l'alun, la gomme arabique et l'esprit de vitriol; vous mêlerez à cet effet en poudre deux gros d'alun, autant de gomme arabique; vous incorporerez ces poudres avec le miel, pour un bol, que vous réitérerez tous les jours; vous donnerez pour boisson à l'animal, de l'eau aiguisée avec de l'esprit de vitriol, jusqu'a ce qu'elle contracte un leger degré d'acidité. Dans le besoin, vous pourrez substituer le vinaigre, quoique peut-être moins efficace, mais plus commun ; les setons seront encore très-bien indiqués dans ce cas.

Quand la clavelée survient aux brébis pleines, elles jetent pour l'ordinaire leur agneau. Tout avortement est, comme vous savez, monsieur, très-dangereux, mais il l'est encore plus dans cette circonstance ; les boutons sont alors petits et peu nombreux ; l'indication la plus pressente a saisir, est de procurer la sortie de ces boutons, en donnant à l'animal malade des remèdes cordiaux propres à ranimer ses forces, tels qué l'*assa fœtida*.

Il n'y a que très-peu d'auteurs qui ayent traité de la clavelée des brébis, encore la plupart ne l'ont fait que superficiellement. *Hastfer* n'en parle que très-sucinctement ; cependant il la regarde comme une petite vérole ; il ne lui donne même que ce titre ; il en distingue de trois espèces, celle du printemps, celle d'été et celle d'automne ; la cause de ces trois espèces de petite vérole est une trop grande abondance d'humeurs, qui, venant à se corrompre et à pourrir intérieurement se présentent extèrieurement sous la forme de cette maladie. Il est peu de malades, dit *Hastfer*, dont il ne faille chercher la 1re cause dans cette abondance d'humeurs, aussi prescrit-il le régime sec, les alimens secs, tels que le foin, la bruyere ; ils sont, suivant lui, de très-bons preservatifs : on ne donnera aucune boisson à l'animal affecté de la clavelée, pendant 7 jours entiers: on prescrira encore, ce qui paroît assez singulier, pour chaque brébis, un bol de deux petits harengs trempés dans du gaudron. Quant au remède général qu'il indique pour les 3 espèces de petite vérole, c'est un grain de civette mêlé dans une cueillerée d'eau-de-vie, qu'on donne à chaque brébis, après quoi on les met dans un endroit pour les faire suer. On peut substituer à ce remède 3 ou 4 gouttes d'huile de suie, où 6 à 7 gouttes d'esprit de corne de cerf, ou un gros de thériaque. Les circonstances particulieres demandent néanmoins des remèdes particuliers ; je vais, monsieur, vous en rapporter quelques uns.

Hastfer commence par la petite vérole du printems. Après avoir donné, dit-il, aux brébis des remèdes excitatifs, on les serre les unes contre les autres pour les faire suer ; et lorsque la petite vérole n'est pas abondante, on ouvre les boutons avec une épingle, et on les presse pour en faire sortir le pus ; pour lors elle se sèche d'elle-même. Tant que les brébis sont malades, on leur donne une bonne nourriture, et à chacune une demi-poignée de sel, mais sans eau. Pour ce qui concerne la petite vérole d'été, qui a été jugée incurable pendant long-tems, on prend des feuilles d'aune au printems, lorsqu'elles poussent ; on les sèche ; on en fait bouillir une poignée avec une pinte de bierre dans un vase fermé, jusqu'à ce qu'elle devienne gluante, ou qu'elle file ; on la laisse pour lors refroidir jusqu'à chaleur de lait ; on prend un pinceau ou des vergettes, et on en frotte les brébis sous la poitrine, entre les jambes, aux yeux, aux oreilles et au visage, ce qu'il faut continuer soir et matin, tant que la petite vérole donne encore quelque humidité : dans l'espace de trois ou quatre jours les brébis sont guéries : on peut les mener dehors pendant cette cure, pourvu qu'on les frotte le matin avant de sortir, et le soir après être rentrées : cependant il vaut mieux ne les pas laisser sortir.

La petite vérole d'automne se traite ainsi : on donne aux brébis de la livesche et de la racine d'eupatoire femelle bâtarde : on leur donnera de l'une et de l'autre deux fois par semaine tant qu'elles seront malades. On en prend pour cent brébis un chapeau plein, et on les mêle avec trois fois autant de sel. Il faut remarquer à l'égard de cette maladie qu'il vaut mieux tenir les brébis chaudement chez elles, que de les laisser sortir, parce que le moindre froid leur est pernicieux. Dès qu'on s'apperçoit de la petite vérole, on se sert de remèdes excitatifs : on leur refuse l'eau tant que la maladie dure, et on leur donne de la nourriture seche et du sel.

Tels sont, monsieur, les médicamens particuliers qu'indique *Hastfer*. Il est surprenant qu'il ait oublié dans sa division la petite vérole d'hiver, qui n'est ni moins commune ni moins dangereuse que les autres.

Le principe favori de *Hastfer* est que toutes les maladies des bêtes à laine sont produites par la superfluité des humeurs. C'est pour cette raison qu'il emploie les remèdes dessicatifs. N'eût-il pas pu rendre, par exemple, le sel dont il fait grand usage, diurétique, et même en le dissolvant dans une certaine quantité d'eau, au lieu de l'employer uniquement comme dessicatif, en le prescrivant seul en substance et en nature, et en défendant même expressément l'usage de tout liquide? Nous n'entreprendrons pas de démontrer si un pareil principe est juste par rapport à la petite vérole, s'il ne seroit pas même plus avantageux de laver le sang, de l'atténuer, de le purifier par l'abondance des sécrétions, de tempérer quelquefois l'inflammation, quelquefois l'exciter et l'augmenter, que de se borner simplement et généralement à détruire et dessécher cette prétendue humidité superflue : au reste, dans un pareil traitement, il n'y a qu'un seul remède sous différens noms ; la civette, l'huile de suie, le sel, la bourache, l'eupatoire, sont tous doués à-peu-près des mêmes vertus ; aucune ne les corrigeroit, s'ils agissoient trop puissamment. D'ailleurs, on ne peut disconvenir qu'il n'y ait dans la clavelée des accidens totalement contraires ; par exemple, une inflammation languissante, une inflammation excessive, une éruption foible ou supprimée, une éruption trop considérable, pour qu'on puisse espérer une résolution avantageuse. Le cas auquel la méthode d'*Hastfer* peut s'appliquer le plus favorablement, est celui où il y auroit complication de pourriture, c'est-à-dire, dans lequel le foie et les poumons seroient attaqués d'hydatides, d'hydropisie, et non dans la dépravation ou dissolution putride des humeurs, pour laquelle il faut avoir recours aux acides et aux plus puissans astringens, tels que l'esprit de vitriol et l'alun.

Quant au régime qu'on doit faire garder aux brébis attaquées de la clavelée, pendant tout le tems de la maladie, il faut les nourrir au ratelier, sans leur permettre, si c'est l'hiver, de sortir de l'infirmerie : on leur donnera du foin à discrétion, et une fois par jour de la provende, c'est-à-dire, de l'avoine avec du son ou avec de l'orge criblé, dans laquelle on mêlera du soufre en poudre : en été on pourra les mener aux champs aux heures où la chaleur est tempérée, et on les mettra au frais et à l'ombre pendant la grande chaleur.

Par tout ce que j'ai dit dans cette lettre, vous devez nécessairement tirer pour conséquence, 1°. qu'une bête jeune et vigoureuse soutiendra les attaques de la maladie plus aisément que celle qui seroit déja affoiblie par l'âge ou par d'autres infirmités; 2°. que le clavin est bien moins dangereux dans une saison tempérée que dans celle où règne une chaleur excessive ou un froid considérable ; 3°. que les accidens seroient plus rares et moins fâcheux si on pouvoit préparer les animaux par un régime et une boisson appropriée à la maladie future, si les brebis avoient mis bas et cessé d'allaiter ; 4°. qu'il n'y a que très-peu de troupeaux qui se trouvent exempts de clavelée.

Ces propositions admises, il est probable, monsieur, que l'inoculation du clavin deviendra aussi salutaire pour les bêtes à laine, que l'inoculation de la petite vérole pour l'homme; les mêmes avantages en peuvent très-bien résulter, comme il vous est facile de le remarquer : on pourroit les préparer suivant la méthode qui paroîtroit la plus convenable.

Comme la clavelée ne reparoît presque jamais deux fois sur le même sujet, il ne faudroit inoculer que celles qu'on seroit sûr de n'avoir point été attaquées : on choisiroit par conséquent dans les troupeaux tout ce qui seroit jeune, vigoureux et sain ; on rejeteroit ce qui seroit foible, délicat, âgé, attaqué de pourriture ou d'autres maladies ; on inoculeroit au printems ou à la fin de l'été ; on ne perdroit peut-être aucun agneau ni aucune mère par avortement ; cette maladie ne seroit pas si longue que si elle étoit naturelle ; dans moins d'un mois elle se termineroit, tandis que la clavelée dure ordinairement près de trois mois. La méthode qu'on pourroit employer pour inoculer la clavelée, doit être à-peu-près la même que la seconde méthode que je vous indiquerai en parlant de l'inoculation humaine, la méthode sutonienne et celle des vésicatoires n'étant pas l'une et l'autre assez suffisantes pour les brebis. On a inoculé il y a quelques années, à ce qu'on m'a dit, un troupeau de moutons aux environs d'Arles ; on y vendoit fort chers ceux qui avoient reçu l'inoculation ; on nous a aussi assuré qu'on avoit inoculé depuis peu un troupeau aux environs de Paris.

Je résume actuellement, monsieur, pour finir cette lettre, tous les remèdes et les précautions que je vous ai indiqués pour la guérison de la clavelée. Au moyen de cette récapitulation, vous vous représenterez sous le même point de vue tout le traitement de cette maladie.

1°. Vous séparerez toutes les bêtes attaquées, et vous les mettrez dans une bergerie particulière, dont vous renouvellerez l'air le plus souvent qu'il vous sera possible, et si le froid est trop rigoureux, vous la parfumerez en y brûlant de l'*assa fœtida*.

2°. Vous les nourrirez avec du foin et de la provende, dans laquelle vous mêlerez chaque jour une cuillerée de soufre en poudre par bête.

3°. Vous donnerez pour unique boisson de l'eau dans laquelle vous jeterez par chaque seau de ce liquide une poignée de salpêtre, ou de sel commun au défaut du premier.

4°. Si les boutons sortent difficilement, et rentrent après avoir paru, vous ferez prendre à chaque bête, gros comme une noix, d'*assa fœtida* dissoute et mêlée, ou pilée avec autant de baies de laurier en poudre : vous réitérerez ce bol tous les jours.

5°. Si les boutons sont très-rouges, enflammés et couvrent tout le corps dès les premiers jours, vous ferez saigner l'animal malade à la veine du col avec une flamme, ainsi qu'il se pratique pour les chevaux, et vous en ferez tirer une petite palète de sang, ou environ la moitié d'un demi-septier : vous réitérerez la saignée jusqu'à ce que les boutons s'élargissent en plaies ; cependant vous ne passerez pas la troisième : vous donnerez en même tems un bol de la grosseur d'une noix, faite avec du nitre ou salpêtre préparé avec le miel.

6°.. Si les boutons sont violets, et si la peau du bas-ventre est parsemée de lignes noirâtres, vous ferez prendre chaque jour à l'animal une pilule composée d'alun et de gomme quelconque en parties égales, mis en poudre et incorporés avec le miel à la grosseur d'une noix ; vous ne donnerez d'autre boisson que de l'eau, dans laquelle vous mèlerez de l'esprit de vitriol ou du vinaigre, jusqu'à ce qu'elle devienne noire.

7°. Enfin, si vos brébis avortent, vous les nourrirez avec soin ; vous leur donnerez beaucoup de provende mêlée de soufre, et si elles sont foibles, deux pilules d'*assa fœtida*, préparées de la manière indiquée plus haut.

En suivant, monsieur, exactement tous ces principes, vous traitez la clavelée méthodiquement.

C'est à un ci devant gentilhomme champenois que nous sommes redevables de cette méthode. Il seroit bien à souhaiter que chaque maladie des bestiaux fût aussi bien traitée que celle-ci. Du vivant de M. Bourgelat, nous avions tout lieu à nous y attendre ; mais l'art vétérinaire se trouve actuellement négligé ; et s'il nous reste encore quelques lueurs d'espérance sur cet art, c'est des lumières du directeur Chabert que nous devons les attendre.

J'ai l'honneur d'être, etc.

LETTRE

SUR

LES avantages réels qu'il y a de tenir les bêtes à laine pendant l'hiver en plein air, dans nos climats.

A la rentrée publique de la ci-devant Académie royale des Sciences, du mois de novembre 1769, feu M. d'Aubenton, si connu dans le monde savant par son anatomie comparée, a fait part, monsieur, à sa compagnie, dans un mémoire qui y a été lu, de nouvelles expériences qu'il a faites pour constater les avantages réels qui résultent de tenir les bêtes à laine en plein air pendant l'hiver, sans qu'il leur arrive même aucun accident. Ce mémoire est la suite d'un autre qu'il avoit déja lu dans une des séances publiques de cette même Académie au mois d'avril 1768. Ces deux mémoires, avec d'autres observations, forment la base d'un ouvrage *ex professo* que cet auteur a publié ensuite sur cet objet : comme le sujet est très-intéressant pour tout économe champêtre, je vous en entretiendrai ici dans cette lettre.

La sueur est plus à craindre pour les animaux ruminans que pour les autres, dit M. d'Aubenton, parce qu'elle suspend ou diminue la sécrétion de la sérosité du sang, qui est nécessaire pour la rumination. Les bêtes à laine étant en sueur, lorsqu'elles ruminent, ont une double évacuation de sérosité ; leur corps est desséché par la perte de cette liqueur, et leur sang épaissi et échauffé ; elles sont altérées, et boivent plus qu'il ne convient à leur tempéra-

ment

ment : la sueur cause aussi de mauvais effets par rapport à la laine, en la privant d'une partie de sa nourriture : d'ailleurs, la chaleur qui excite la sueur, la fait croître trop promptement pour qu'elle prenne assez de consistance.

Cependant nous logeons nos bêtes à laine dans des étables, où elles suent non-seulement dans l'été, mais aussi dans l'hiver. Par des soins mal-entendus et par une dépense inutile, nous altérons leur santé et nous gâtons leur laine. Pourquoi renfermer les animaux dans des bâtimens ? La nature les a vêtus de façon qu'ils n'ont pas besoin de couvert ; ils ne craignent que la chaleur ; le froid, la pluie ni les injures de l'air ne leur font point de mal. Je puis l'assurer, ajoute d'Aubenton, j'en ai des preuves acquises par des expériences qui s'accordent parfaitement avec d'autres expériences pratiquées pareillement en France sur le même sujet ; voici, ajoute-t-il, l'exposé de la mienne.

J'ai tenu aux environs de la ville de Montbard un petit troupeau dans un parc, en plein air nuit et jour, sans aucun abri, même pour le ratelier, pendant tout l'hiver de 1769, qui a été fort rigoureux. Les bêtes qui composoient ce troupeau étoient de tout sexe et de tout âge ; il y avoit deux agneaux, l'un du premier mars et l'autre du premier avril précédent ; deux brebis pleines et six moutons de différens âges, tous de race des bêtes à laine de l'Auxois. Ces animaux étoient placés dans un lieu exposé au nord, et l'un des plus froids du canton ; ils ont éprouvé des gelées qui ont fait descendre le thermomètre de Réaumur jusqu'à 14 degrés et demi au-dessous de la congélation, ils ont été exposés à des vents très-froids et très-violens, et à des pluies très-froides et continuelles, à des brouillards qui ont duré plusieurs jours de suite, au givre et à la neige ; ils ont subi toutes sortes d'épreuves des intempéries de l'air : cependant ils ont toujours été aussi forts et aussi vigoureux, même plus que ceux renfermés dans l'étable. J'ai visité très-souvent ces animaux, ajoute notre auteur, dans les tems les plus critiques de l'hiver, après de grandes pluies : j'ai écarté les fleurons de leur laine pour toucher leur peau, jamais je ne l'ai senti mouillée ; la laine étoit toujours chaude ou sèche autant qu'elle peut l'être sur la longueur de près d'un pouce au-dessus de sa racine, tandis que le reste étoit mouillé, gelé, couvert de neige ou de givre : j'ai tout lieu de croire que la sueur de la laine, qui est une matière grasse, empêche l'eau de pénétrer jusqu'à la peau de l'animal. La partie de la laine qui se mouille est bien plutôt sèche au grand air que dans les étables.

Les deux brebis du troupeau exposé en plein air ont mis bas au mois de février, l'une le 18 et l'autre le 28 : l'agneau du 18 étant né par un tems de pluie, y fut exposé jour et nuit; l'agneau du 28 février éprouva d'assez fortes gelées dans les premiers jours de sa vie, au commencement de mars : cependant ces agneaux ont été visiblement plus vigoureux que ceux des étables, et leurs mères n'ont eu aucun mal.

Il y a eu dans l'expérience rapportée ci-dessus, une circonstance qui la rend encore plus décisive, c'est que le 14 décembre suivant je joignis au troupeau qui avoit été tenu en plein air, un mouton arrivé du Roussillon avec d'autres bêtes à laine de cette province. Quoique ce mouton fût né dans un pays plus chaud que celui où il arrivoit, et qu'il eût été élevé et soigné selon l'usage de ce pays, qui est de loger les bêtes à laine dans des étables fermées, et de ne les jamais exposer à la pluie, s'il est possible, cependant il a résisté au froid, à la neige et à la pluie aussi bien que les autres.

J'ai aussi mis dans le même troupeau, dit M. d'Aubenton, un mouton flandrin qui m'arriva de Lille le 20 janvier. Quoique ce mouton eût été renfermé tous les ans dans une étable, depuis le commencement de novembre jusqu'au mois de mars, comme les autres bêtes à laine de Flandres, les injures de l'air ne lui ont fait aucun mal depuis qu'il y est exposé.

Dans la suite, toutes les bêtes à laine qui ont été à la disposition de d'Aubenton, n'ont point eu d'autre gîte qu'un parc, non pas tant pour faire une épreuve, que parce qu'il a été convaincu qu'il ne se trouve point de moyen plus sûr pour maintenir les bêtes à laine en bonne santé, pour leur donner de la vigueur, pour les préserver de la plupart des maladies auxquelles elles sont sujettes, pour donner un meilleur goût à leur chair, et pour rendre la laine plus blanche, plus abondante et de meilleure qualité. Il est fort à desirer pour le bien public que cet usage se répande dans tout l'empire.

La plupart des gens de la campagne ne connoissant ni la force des raisonnemens ni l'authenticité des faits, ne peuvent pas avoir confiance aux innovations qu'on leur propose, sans leur en montrer le succès au doigt et à l'œil. Il n'y a que l'exemple palpable qui puisse les déterminer à suivre de nouvelles pratiques : il faut leur faire voir dans les différens départemens de l'empire, et s'il se peut même dans chaque canton, des troupeaux de bêtes à laine élevés en plein air, et soignés de la manière la plus convenable à la température de ces animaux ; leur faire remarquer la vigueur de ce bétail, les bonnes qualités de leur laine, les exhorter de comparer ces troupeaux avec les leurs; cette comparaison pourra peut-être les déterminer bientôt à faire ce qui sera nécessaire pour en former de pareils : c'est là le vrai moyen d'établir des usages qui peuvent relever l'espèce des bêtes à laine dans la France, y multiplier, y maintenir de bonnes races, et procurer à la nation des laines nécessaires pour ses manufactures. Vous tous, qui avez le goût des occupations champêtres et l'amour de l'humanité, élevez des troupeaux, et donnez, par vos exemples, aux gens de la campagne, des moyens d'être plus heureux par les avantages qu'ils peuvent tirer des bêtes à laine.

Si la plupart des cultivateurs vouloient bien se rendre aux invitations de l'auteur dont nous venons de parler, et suivre le plan qu'il nous trace dans ses expériences, il n'est pas douteux qu'à force de les réitérer on parviendroit enfin à se procurer en France de la laine aussi belle et aussi bonne que celle que nous tirons des pays étrangers. Je me joins, monsieur avec ce célèbre naturaliste, pour vous inviter de donner à vos voisins un exemple dans vos troupeaux, dont ils ne s'écarteront pas dès l'instant même qu'ils deviendront les témoins oculaires de vos succès ; tout doit vous y engager. Les témoignages d'une personne telle qu'étoit M. d'Aubenton, votre profit particulier, le bien de l'état, celui de vos fermiers, et l'amour que chacun reconnoît en vous pour l'humanité, sont des moyens assez puissans pour vous faire entrer dans des vues aussi sages.

Lamarre, auteur du Dictionnaire économique, seconde édition, paroît être du même sentiment que d'Aubenton au sujet des bêtes à laine : on a fait, dit-il, des expériences réitérées depuis plusieurs années, qui semblent prouver qu'on n'auroit rien à risquer en tenant le bétail en plein air dans nos climats, ainsi qu'il se pratique habituellement en Angleterre et en Irlande.

Pour prouver ce sentiment, cet auteur renvoie à l'Ecole d'Agriculture qui a paru à Paris en 1759, et au tome 6 du Traité sur la Culture des Terres, par Duhamel. Le sieur Petit, ajoute Lamarre, a augmenté annuellement le nombre des moutons qu'il fait parquer pendant l'hiver, et s'est toujours trouvé très-satisfait de cet usage : son parc d'hiver étoit enclos de murs et sur une hauteur.

Les nombreux troupeaux de bêtes à laine qu'on

nourrit en Angleterre, indépendamment des autres bestiaux, ne pourroient être elevés dans des étables sans beaucoup de dépense : aussi dans la plupart des provinces de ce royaume, on ne les retire en aucun tems : cependant il y a des endroits où on les met en quelque façon à l'abri, quoiqu'en plein air, au moyen de toîts qu'on élève par-dessus les rateliers.

Perce est un des premiers qui ait formé le projet d'établir une éducation sauvage des bêtes à laine. Louis XV autorisa même en France, dans le parc de Chambord, cet établissement; les expériences qui ont été faites ont confirmé depuis les espérances qu'avoit données ce bon citoyen : cependant, par des accidens totalement étrangers, cet établissement ne s'est pas maintenu : au bout de quelques années M. de Perce s'est vu contraint de se défaire de toutes les bêtes à laine qui lui étoient restées d'une mortalité considérable qui ravagea ses troupeaux, mais dont la cause s'est trouvée totalement différente de celle qui auroit pu naître de l'exposition de ces bestiaux en plein air; ce qui a pour lors été constaté.

Quand on laisse dehors pendant l'hiver les bêtes à laine, il faut leur donner du bon fourage matin et soir, si la terre se trouve couverte de neige ; sans quoi il suffit de leur en donner une fois par jour, à quelque heure que ce soit.

Dans les provinces du nord de l'Angleterre, du côté de l'Ecosse, comme les hivers y sont très-rigoureux, les habitans, pour en garantir leurs bêtes à laine ; sont dans l'usage de les enduire de la tête aux pieds d'un mélange de goudron, graisse, etc. bouillis ensemble; mais cette composition leur gâte considérablement leurs laines, de sorte qu'on a ensuite beaucoup de peine à les en purger.

Les brebis qui passent toute l'année, même pendant l'hiver, en plein air, sont exemptes de la plupart des maladies qui leur sont ordinaires, et qui ne proviennent souvent que des bergeries et du peu de soin qu'on apporte à leur gouvernement : c'est un fait qui est presqu'actuellement démontré d'après les observations de M. d'Aubenton ; leur chair fournit aussi une nourriture plus exquise ; leur laine en est infiniment plus belle et plus abondante ; les peaux qu'on en tire sont aussi plus grandes et plus fortes.

Il se trouve en France plusieurs provinces où on laisse les brebis à l'air pendant l'été, nuit et jour, et on s'en trouve très-bien. Il seroit à désirer que cet usage s'introduisit dans toutes les provinces de l'empire ; car le pâturage en plein air pour les brebis est reconnu à présent pour être fort avantageux : aussi y supplée-t-on dans les provinces où il n'est pas reçu, en faisant coucher les troupeaux dans un parc fermé de claies dans une cour : j'ai vu pratiquer cette méthode chez défunt mon père, dans sa maison de campagne de Marly, située à une lieue de Metz ; il s'en trouvoit très-bien.

Si, nonobstant mes invitations, vous persistez, monsieur, à mettre pendant l'hiver vos troupeaux dans les bergeries, ayez soin de les tenir sèches, et d'en renouveler l'air le plus souvent qu'il vous sera possible ; car il est de fait que les bergeries trop chaudes et trop closes sont mal saines et détériorent la laine ; ordonnez aussi à vos gens d'en tenir les portes et les fenêtres ouvertes pendant le tems que les brebis sont aux champs, et même pendant la nuit en été. Les bergeries les plus saines sont celles dont les fenêtres sont percées les unes vis-à-vis des autres ; cela procure un passage libre à l'air.

Une autre attention que vous devez encore, monsieur, apporter à vos bergeries, c'est d'être bien nettoyées. On a abusivement la coutume de ne les vuider que deux ou trois fois par an ; rien n'est plus pernicieux aux brebis : on apporte mal - à propos pour prétexte de cette négligence, qu'il faut perfectionner le fumier, et qu'il faut par conséquent donner aux pailles et litières un tems suffisant pour pouvoir entièrement se décomposer par l'urine et la fiente journalières des bêtes à laine : mais ne vaudroit-il pas mieux, et la dépense en seroit même très-médiocre, creuser à côté de la bergerie une fosse propre à contenir le fumier de plusieurs mois, où se déchargeroit encore l'égout de la bergerie : tous les huit jours ou tous les quinze jours au plus tard, le fumier qui pourroit s'y trouver, on le déposeroit dans cette fosse ; il y fermenteroit et ne s'y décomposeroit pas moins que lorsqu'il séjourne dans la bergerie. Ce moyen est très-simple : les bêtes à laine se trouvent ainsi tenues proprement, sainement et même avantageusement. Si vous examinez, monsieur, toutes les pertes qu'occasionnent la mal propreté et l'infection des bergeries, il vous sera facile d'apercevoir que la chûte et la dégradation de la laine en proviennent uniquement, et les maladies contagieuses qui règnent communément sur le bétail en sont ordinairement les suites. Les incidens sont trop coûteux et en même tems trop dangereux pour rester indifférent sur la mal-propreté des bergeries : aussi, monsieur, ai-je été témoin plusieurs fois des précautions que vous prenez à cet égard.

Quand les brébis ne sont pas habituées à une éducation sauvage, on les garantira pour lors de la neige et des frimats ; on les laissera dans l étable, où on aura soin de leur donner à manger ; on ne les menera aux champs pendant cette saison, que lorsque le tems sera beau, et plutôt pour les désennuyer et leur donner de l'exercice que pour les faire pâturer. Le grand chaud incommode plus ces animaux que le grand froid ; il faut les mener pour lors dans des lieux ombragés. Les bergers se trouvent très-bien, à ce qu'ils disent, de conduire pendant la canicule ces animaux, le matin du côté du couchant, et l'après-midi du côté du levant, principalement dans les pays montagneux. Le fourage de pois et de lentilles est une nourriture excellente pour les brébis pendant l'hiver ; la paille de seigle et d'orge ne leur fournit pas un aliment moins succulent : d'ailleurs elle n'a pas l'inconvénient de jaunir leur laine, comme les lentilles et les pois.

Avant de finir cette lettre, je vous observerai, monsieur, que les deux plus fortes raisons qu'on puisse apporter contre l'exposition des brébis au grand air pendant l'hiver, sont : 1°. La nature de leur climat natal, qui est un pays très-chaud, car elles sont originaires d'Afrique, et doivent par conséquent être peu propres à supporter les rigueurs du froid. La seconde raison, c'est que les pluies leur sont presque toujours mortelles, il doit donc être très-dangereux de les laisser à l'air dans les hivers pluvieux; et en effet la plupart périssent pour l'ordinaire au printemps, quand on les mène aux champs pendant les pluies, qui sont très-communes dans cette saison. Ces deux raisons, toutes plausibles qu'elles paroissent, ne doivent pas néanmoins vous faire lutter contre des expériences contraires, réiterées en plusieurs provinces, et rapportées par des personnes non-suspectes, avec d'autant plus de raison que je vous ai démontré dans le cours de cette lettre les avantages qui en résultent.

Je pourrois entrer ici dans de plus grands détails sur ces animaux utiles, mais je m'apperçois qu'il est tems de cloire cette lettre ; j'ai même abusé, monsieur, de votre complaisance, pour vous l'avoir écrite aussi étendue.

J'ai l'honneur d'être, etc.

LETTRE
SUR
L'ENGRAIS DES BESTIAUX.

JE n'ai jamais été, monsieur, si convaincu de l'utilité de la clôture des héritages, que dans un voyage que j'ai fait en Normandie. En allant à Caen je passai par Evreux et par Lisieux, je ne rencontrai sur toute la route, principalement à la sortie de cette dernière ville, que plantations, héritages clos et pâturages; chaque particulier a une partie de ses terres aux environs de sa maison, il les entoure de haies; il les plante de pommiers propres à faire du cidre excellent, il les ensemence en outre de blé, d'avoine, et le plus souvent encore il les laisse en nature de prés. Jamais dans ces sortes d'enclos on ne voit de terres en jachères; mais on remarque presque toujours dans ces terreins une quantité de bestiaux qui pâturent continuellement, sans même aucun garde. C'est dans ces pâturages que s'engraissent la plupart des bœufs que Paris tire de cette province, tous les habitans vivent, on ne peut pas plus à leur aise, ainsi que je m'en suis moi-même informé, par le moyen des nourris qu'ils font. Un pays est d'autant plus riche qu'on y élève plus de bestiaux, maxime constante et que personne ne peut révoquer en doute: or le vrai et l'unique moyen de les multiplier est sans contredit la clôture des héritages. Un domaine bien clos et bien entretenu de toutes sortes de cultures, peut produire régulièrement toutes les années, et même fournir quelquefois plusieurs récoltes dans la même, tandis que quand il est ouvert, à peine peut-il, dans l'espace de trois années, donner une récolte un peu passable, et suffire à la nourriture des bestiaux qui y pâturent pour l'ordinaire. Ne différez donc pas, monsieur, d'un instant, de clorre vos héritages, si vous voulez en tirer un parti avantageux.

Comme je prevois, monsieur, d'avance la multiplication que vous allez faire de vos bestiaux par cette clôture, je veux vous apprendre ici la manière d'en tirer profit; vous n'ignorez pas que c'est par l'engrais: mais comment les engraisser au point de pouvoir être conduits dans nos boucheries pour nous servir ensuite d'alimens? Voilà l'unique objet de la question. Les animaux de boucherie sont les bœufs, les veaux, les moutons et les porcs; examinons actuellement la méthode particulière de les engraisser suivant leur différente constitution: je commence par les bœufs, comme les plus considérables. Le vrai âge propre pour leur engrais est depuis six ans jusqu'à dix, si vous différez plus long tems, ce n'est alors que d'une façon très-imperceptible qu'ils augmentent en chair, et rarement acquièrent-ils à cet âge cette abondance de sucs et de graisse propres à l'améliorer, d'autant qu'elle est très-dure et très-séche de sa nature. Ces animaux prennent la graisse en toute saison; l'été est cependant celle qui est la plus favorable et la moins dispendieuse: en commençant à les mettre à l'engrais aux mois de mai et de juin, vous êtes sûr de les avoir toujours gras à la fin d'octobre. Si vous vous déterminez donc à les engraisser dans cette saison pour éviter une plus grande dépense, commencez par leur faire discontinuer toute sorte de travaux: donnez en conséquence vos ordres au bouvier, et recommandez-lui de les mener exactement et régulièrement pâturer tous les matins, afin que ces animaux puissent profiter de la rosée qui sera sur l'herbe, qu'il les ramène ensuite à l'étable, dès que la chaleur commence à se faire sentir, pour y ruminer et dormir fraîchement et au large. La grande chaleur étant tombée, le bouvier ou pâtre les conduira de nouveau aux champs pour tout le restant du jour. Un ordre encore absolument nécessaire à donner à vos gens, c'est de les obliger pour toutes les nuits de préparer à ces bœufs de la bonne litière et de l'herbe fraîchement coupée : des bœufs gouvernés de la sorte, en moins de quatre ou cinq mois se trouvent assez gras pour en tirer profit pour la boucherie. On appelle cet engrais *engrais au vert.*

Si c'est au contraire la saison de l'hiver que vous choisissez pour les engraisser, vous pouvez compter qu'il vous en coûtera bien davantage. Dès la Saint-Martin jusqu'au mois de mai, il faut les tenir chaudement dans l'étable sans les laisser sortir ; vous leur faites donner pour nourriture du bon foin et même à discrétion : rien n'empêche cependant que pour ménager vous ne puissiez mêler de la paille d'orge en pareille quantité avec le foin ; ces animaux ne se rempliront pas moins avec ce mélange. Sur le soir votre bouvier prendra de la farine de seigle, d'orge ou d'avoine ; il pétrira cette farine avec de l'eau tiède et du sel, et en formera des pelottes qu'il donnera à manger aux bœufs. Une nourriture encore excellente pour leur engrais, sont des grosses raves; on les leur donne dans leurs auges, toutes crues, après les avoir hachées, ou même on les leur fait cuire : les carottes, les gros navets, les feuilles de choux, de colsa, de maïs, même avec ses grains, données à ces animaux en alimens, leur font prendre beaucoup de graisse. Dans le pays messin on est dans l'usage de leur donner du pain de senevis, de navette, et même de filamens de suif : on nomme à Metz ces sortes de pain, *tourtes.* Le marc du vin dans de l'eau chaude, mêlé avec beaucoup de son, peut aussi très-bien remplir le même but. Quand on engraisse les bœufs dans l'Auvergne et le Limousin, on a grand soin de ne leur donner pour fourage que le foin dont on fait récolte sur les montagnes, et pour autre nourriture du marc d'huile de noix, mêlé avec de gros navets et de la farine de seigle : or, sans contredit, les bœufs d'Auvergne et du Limousin sont ceux dont la chair est de meilleur goût, et se trouve la plus entrelardée de graisse, mais d'une graisse la plus exquise. En lisant, monsieur, le Journal économique du mois d'août 1761, j'ai trouvé une chose bien intéressante, à ce qu'il m'a paru, au sujet des bœufs : je vous invite même très-fort de la mettre en pratique. Un anonyme conseille de semer, quand on veut engraisser des bœufs, une petite portion de ses terres en herbes balsamiques et odoriférantes, on pulvérise ces herbes, et on en répand la poudre sur le fourage qu'on donne aux bœufs : cette poudre sert d'assaisonnement à leur nourriture et leur tient même lieu de sel. Une chose qui contribue encore à rendre la chair des bœufs des Pyrénées aussi exquise qu'elle l'est, c'est sans doute l'usage qu'on a dans le pays de ne les engraisser qu'avec du foin de montagnes et de fines herbes, tandis que ceux qui habitent les plaines basses ont presque toujours une chair insipide.

Voilà, monsieur, tout ce qui concerne l'engrais des bœufs : voyons actuellement celui des veaux, ou plutôt la méthode propre pour les élever. Dans mon opuscule, intitulé : *Mémoires sur les Prairies naturelles et artificielles*, j'expose la manière d'élever les veaux à la façon flamande ; il est par conséquent inutile de vous la rapporter ici : d'ailleurs, quoique cette méthode soit très-bonne, je veux encore vous en faire connoître une meilleure. Dans le village de Marly, à une lieue et demie de Metz, où étoit la maison de campagne de défunt mon père, on la pratiquoit communément, principalement chez lui, pour les veaux qu'on destinoit aux bouchers ; jamais ces veaux ne tetoient leurs mères ; on se servoit, pour leur donner du lait, d'une machine faite exprès en forme de cône assez ample pour pouvoir contenir environ dix ou douze pintes de cette liqueur lactée ; la machine étoit garnie d'une anse à un de ses côtés ; cette anse servoit à la tenir à la main : au côté opposé étoit placé une espèce de tube percé en fer blanc, terminé en pointe par sa partie supérieure, et enveloppé d'un morceau de cuir maniable, imitant en quelque façon la mammelle de la vache. Au moyen de cette machine on fait avaler au veau du lait à discrétion : si celui de deux vaches n'est pas suffisant, on lui donne le lait de trois et même quelquefois de quatre. Dans les intervalles on prend de la farine d'orge avec des œufs, on en fait une pâte, on en forme des pelottes qu'on fait avaler même par force à l'animal. J'ai vu des veaux qui n'avoient pas trois mois, et qui ayant été ainsi élevés, pesoient quelquefois jusqu'à 150 livres et même 200.

Les moutons sont encore, monsieur, d'un grand profit dans l'économie champêtre, après nous avoir donné pendant deux ou trois ans leurs toisons, on les engraisse et on les vend fort chers aux bouchers ; ils s'engraissent de même que les bœufs, au verd et au sec. Parmi le nombre de ceux qui prennent mieux la graisse, on a remarqué que ce sont ceux dont la laine est courte, fine et tissue en quelque façon en forme de toile de coton ou d'araignée ; ceux que vous destinez, monsieur, pour l'engrais, doivent être de toute nécessité séparés des autres ; il leur faut une bergerie qui leur soit uniquement propre, et un berger particulier [illegible] soin. Vous devez en outre recommander [illegible] à ce berger de conduire aux champs dès la pointe du jour ces moutons, pour qu'ils puissent profiter de la rosée du matin, qui est [illegible] plus [illegible] pour leur engrais. S'il se trouvoit pour lors des champs de bleds nouvellement dépouillés et couverts d'épis dispersés çà et là, votre berger ne pourra mieux faire que de les y faire glaner ; mais une attention qu'il doit sur-tout avoir, et que vous ne pouvez aussi assez lui recommander ; est de les faire boire souvent et de leur donner même beaucoup de sel et d'autres alimens de cette nature propres à exciter en eux une grande altération. Sur les huit heures du matin, lorsque la chaleur commencera à se faire sentir, il ramenera les moutons à la bergerie ; il est de fait que la trop grande chaleur du soleil les empêche d'engraisser ; il les y tiendra jusqu'à trois heures après-midi, après quoi il les reconduira pâturer jusqu'à bien avant dans la nuit. Si vous voulez avoir vos moutons gras de bonne heure, propres à en tirer profit, commencez par leur faire donner tous ces soins depuis le mois de mai jusqu'au mois de juillet, et pour ceux que vous ne voulez vendre qu'à l'arrière saison, ne les faites soigner ainsi que depuis le commencement de juillet jusqu'au mois de septembre ; trois mois de pareils soins suffisent pour les engraisser. Voici, monsieur, de la façon dont vous vous y prendrez, si vous avez beaucoup de paquis à votre disposition, et si vous en voulez tirer un parti avantageux : au mois de mars, à la pointe des herbes, vous achetez des moutons maigres, mais forts ; vous les mettez au vert dans ces paquis ; au bout de deux mois ils y ont pris pour l'ordinaire une graisse suffisante ; vous les renouvelez alors. Trente arpens de côteaux passablement garnis d'herbes, suffisent ordinairement pour un troupeau de 200 moutons : vous en faites trois levées par an, c'est-à-dire que vous le renouvelez trois fois : si vos pâturages sont humides, les moutons y prendront plus facilement la graisse : en conséquence vous les pourrez changer davantage ; mais la graisse des moutons qui y pâturent n'est pas à beaucoup près si bonne. On appelle cet engrais, de même que celui des bœufs, engrais au verd : quant à l'engrais au sec, qui se pratique en hiver, il faut commencer d'abord par mettre dans une bergerie à part, dès la fin de septembre, les moutons que vous voulez engraisser ; vous les y nourrissez de bon foin, d'avoine et de pelottes de farine d'orge ou d'autres grains; vous les faites sur-tout beaucoup boire, vous mettez même un peu de sel dans leur eau. Lorsque vous voulez ménager votre fourage dans leur engrais, vous pouvez leur donner, au lieu de foin ordinaire, du sainfoin sec, de la bonne luzerne, de toutes les plantes légumineuses desséchées, ou même des raves et des navets.

Si vos domaines se trouvent placés aux environs de la mer, rien n'est plus facile que d'y engraisser même très-vîte vos moutons, en les mettant à l'arrière-saison paître dans les prairies qui ont été pâturées par les gros bestiaux pendant l'été, tels que les chevaux et les bêtes à cornes ; les bêtes à laine y prennent la graisse à vue d'œil ; mais il ne faut pas tarder à les tuer quand elles sont une fois grasses, parce que si cette graisse venoit à se passer, en peu de tems ces bêtes creveroient.

Un animal dont on fait encore beaucoup de cas pour l'engrais, est le porc ; la chair et le lard qu'il nous fournit est d'un usage si familier dans nos campagnes, que sans lui plusieurs familles auroient peine à y subsister. Si vous voulez engraisser des porcs, ne leur donnez pas d'abord une nourriture bien forte ; contentez-vous de leur donner pour nourriture pendant huit jours la suivante : vous ordonnez à vos domestiques de prendre des choux et du son de froment ; vous les leur faites bouillir dans une chaudière avec de l'eau ; vous leur faites en même tems mêler parmi du petit lait, des lavures d'écuelles, et même de l'eau si le lait n'est pas suffisant pour humecter le son et les choux ;

après quoi vous laissez refroidir cette mangeaille jusqu'à ce que vos gens puissent y tenir la main ; ces huit jours passés, vous faites enfermer vos cochons dans leurs étables, et vous les y laissez tant et si long-tems qu'ils ne se trouvent pas suffisamment gras. Vous leur faites pour lors ôter les choux, et vous ne leur laissez plus donner soir et matin que beaucoup d'eau ou de petit lait, où vous aurez auparavant fait mettre du son en plus grande quantité, auquel même vous ferez donner quelques légers bouillons. Vos domestiques ne mettront cette mangeaille dans l'auge de ces animaux, qu'après qu'elle sera entièrement refroidie ; vous leur ferez en même tems donner alternativement et même par intervalle, tantôt un picotin d'orge bouillie, tantôt un d'avoine crue. Huit jours entiers se passeront ainsi à ce genre de nourriture, après quoi vous leur ferez manger du son bouilli tout épais, et même si copieusement, qu'ils en laissent toujours de reste : c'est ainsi que vous vous y prendrez si vous voulez les avoir gras en peu de tems : n'épargnez pas en outre de leur faire donner tous les jours de la litière blanche. Beaucoup de personnes n'engraissent leurs porcs qu'avec des carottes ; mais le lard qui en provient n'est pas ferme, il est au contraire toujours molasse ; les fruits gâtés ou pourris que quelques-uns croient aussi très-propres à les engraisser, ne leur valent absolument rien, ils peuvent leur occasionner des maladies. Un bon engrais pour eux sont des criblures et des balayures de grange, un peu de froment, de l'orge, du blé de Turquie ou même des pois ; la graisse qui provient de ces derniers est toujours très ferme et même la meilleure, quoique cependant celle des autres graines en diffère peu : les pommes de terre ou topinambours sont encore pour ces animaux d'une grande ressource pour les pays où il s'en fait de nombreuses plantations. Dans les années où les glands sont communs,

communs, il est inutile de prendre tant de soins pour ces animaux, ces fruits peuvent suffire pour les engraisser, sur-tout lorsqu'ils sont mûrs, et pour l'ordinaire ils ne tombent que quand ils sont tels; une bonne maxime qui se pratique en plusieurs endroits par ceux qui mettent leurs cochons à la glandée, c'est de leur donner tous les soirs, à leur retour des bois, de l'eau où l'on aura mis de l'yvraie; cela les endort parfaitement : or le sommeil, comme on le sait dans les campagnes, les engraisse autant que la nourriture. Si les glands sont en si grande quantité que vos porcs ne puissent pas les manger totalement, vous pouvez en faire un amas et les conserver pour l'année suivante; mais il faut pour cela de certaines précautions que je vais, monsieur, vous indiquer, et c'est par où je finis la présente. Vous les faites mettre sécher au four après qu'on en a tiré le pain; vous les empêchez par-là de germer, et par conséquent de se gâter; ou bien vous choisissez un lieu bien sec; vous les y faites mettre en monceaux sans les remuer, jusqu'à ce qu'ils aient sué : quand vous voulez vous en servir, vous les prenez toujours du même côté; vous n'avez pas pour lors à craindre que le tas venant à se défaire, le gland pourrisse après avoir germé. La faine de hêtre produit le même effet pour les engraisser que le gland; mais la graisse en est molasse. Vous pouvez encore très bien leur donner du blé de sarrasin : dans le Limousin on les engraisse aussi avec des châtaignes. Je vous indiquerai, monsieur, dans un de mes opuscules, la manière d'engraisser la volaille, tels que les dindons, les chapons, les poulardes, les oies et les canards. Cet objet ne sera pas pour vous moins utile que celui-ci.

J'ai l'honneur d'être, etc.

PROPAGATION EN FRANCE DE L'OVISTITI,

CONNU PAR EDWARDS, SOUS LE NOM DE CAGUIMINOR.

Plusieurs physiciens et naturalistes ont soupçonné que le phénomène de la végétation des plantes et celui de la multiplication des animaux avoient le même principe, c'est-à-dire, que la chaleur vivifiante du soleil influoit également sur les deux règnes de la nature les plus intéressans.

Des expériences multipliées ont appris qu'une chaleur artificielle peut quelquefois suppléer à celle du soleil, pour faire végéter dans les climats glacés du globe, des plantes qui ne sembloient être destinées par la nature qu'à exister sous les zones brûlantes du midi.

L'arbre à café, le tamarin, le papayer, l'ananas, le bambou, le monbin, etc. se trouvent dans nos serres chaudes ; mais on n'avoit point encore employé la chaleur artificielle pour faire produire dans nos contrées des animaux qui vivent sous la ligne, et personne ne s'étoit encore avisé d'avoir une serre chaude pour des animaux étrangers, comme on en a pour les plantes exotiques.

Le marquis de Nesle est le premier que nous sachions qui se soit proposé directement ce but, et sa première expérience, dont nous allons rendre compte, a été si heureuse, qu'il a projeté de la répéter plus en grand sur différentes espèces d'animaux étrangers, dans un emplacement qu'il a fait arranger exprès : il a donc ouvert une nouvelle carriere qui ne peut manquer d'enrichir l'histoire naturelle de la physique de plusieurs faits nouveaux; et tous les gens qui s'intéressent aux progrès des sciences, ainsi que ceux qui les cultivent, ont vu sans doute avec plaisir l'existence d'un grand seigneur, dont les amusemens peuvent devenir utiles.

Le marquis de Nesle, après s'être procuré à grands frais deux petits animaux du Brésil, mâle et femelle, de l'espèce que M. de Buffon a nommée *Ovistiti;* Edwards, *Caguiminor*, et que Ludolphe désigne sous le nom de *Fonkos Gueraca*, les a mis au mois de févier 1778 dans un cabinet exposé au midi, et échauffé par un poële dont la chaleur, imitant celle du pays natal de ces animaux, étoit indiquée par plusieurs thermomètres placés dans différens endroits du cabinet.

Cette chaleur a été constamment depuis 30 jusqu'à 35 degrés du thermomètre de Réaumur, c'est-à-dire, que pour imiter la nature autant qu'il est possible à l'art, on entretenoit la chaleur à 30 degrés pendant la nuit, et à 35 pendant le jour.

Ces petits animaux avoient outre cela pour retraite dans le cabinet, un panier d'osier doublé de peau de mouton. La chaleur ne tarda pas long-tems d'agir sur les petits *Ovistitis*, et malgré le froid de la saison, on s'apperçut qu'ils étoient en amour, et qu'ils cherchoient à s'en donner des preuves : on les surprit deux fois, sans que la présence de l'observateur les inquiétât ni les dérangeât : ils sont restés dans le cabinet, à la chaleur qu'on vient d'indiquer, jusqu'au mois de juin, que M. le marquis de Nesle fut obligé de partir pour Rouen, y joindre le régiment qu'il commande, mais ne voulant point confier à d'autres l'expérience dont il commençoit d'espérer un heureux succès, la chaleur de l'été étant d'ailleurs très-favorable, il prit la résolution d'emporter avec lui le petit ménage dont il s'étoit fait le directeur. On les établit dans une cage de perroquet; et comme le tems étoit fort chaud, ils n'ont point été incommodés du déplacement ni du voyage.

Leur nourriture ordinaire, dès leur établissement dans le cabinet, ainsi que pendant la route, a toujours été des fruits, des biscuits secs ou mouillés dans l'eau, quelquefois un œuf dur, et le plus souvent des œufs à l'eau ou au lait.

Enfin, le 15 juillet, ils revinrent à Paris avec M. le marquis de Nesle; on les établit alors dans un cabinet de glaces, dont l'exposition est au nord, et dans lequel il y a des storres que l'on tire plus ou moins suivant le degré de lumière ou d'obscurité qu'on desire. Ces animaux grimpoient le long des rideaux, et se tenoient assez constamment sur le haut des storres, dont ils ne descendoient que pour prendre leur nourriture et se promener de tems en tems.

Vers le 20 d'août on apperçut sur le dos de ces deux petits animaux, un autre vivant, encore plus petit, et dont la ressemblance la plus prochaine étoit celle d'un lézard. Ce fut là la première idée qu'on eut de la fécondité de ces animaux.

On remarqua que le père et la mère recherchoient la chaleur du soleil pour y exposer leurs petits. Pour cet effet, ils se suspendoient par les pattes aux montans des glaces, et présentoient aux rayons du soleil leurs dos où étoient cramponnés leurs petits.

Les nouveaux nés se tenoient toujours sur le dos de leur père ou de leur mère : quelquefois ils se mettoient tous les deux sur le même; d'autres fois ils se séparoient, et chacun d'eux portoit le sien : ils avoient beau sauter à des distances fort éloignées, grimper et descendre avec beaucoup de vivacité, les petits n'en étoient point dérangés, et restoient toujours attachés sur eux.

Ces deux individus sont venus au monde sans aucun poil, et ils sont restés assez long-tems dans cet état; mais dès l'instant que le poil a commencé à croître, il est venu très-vîte : d'abord il étoit brun ; il s'est ensuite noirci : ils n'ont teté que pendant l'espace de deux mois, au bout desquels le père et la mère les ont sevrés, et ils les ont accoutumés peu à peu à se passer d'eux. La mère a été la première à s'ennuyer des soins qu'elle leur rendoit ; elle les obligeoit de la quitter par des coups de patte qu'elle leur donnoit, lorsqu'ils étoient à portée de son épaule ; et lorsqu'ils étoient au milieu de son dos, et qu'elle ne pouvoit les atteindre, elle se rouloit pour les obliger de changer de place : alors elle les battoit à son aise, et les arrachoit de dessus elle.

Dans ces circonstances orageuses le père prenoit le parti des opprimés, battoit la mère à son tour, et chargeoit ses enfans sur son dos. On pouvoit aisément juger par les différens cris du père, de la mère et des enfans, qu'il y avoit de grandes tracasseries dans le ménage ; ces cris étoient assez forts pour qu'on les entendît de loin.

Lorsqu'ils ont été sevrés, le père a cessé d'être leur protecteur, et la mère leur a marqué plus de soin, parce que sans doute ils lui étoient alors moins incommodes.

En général ces animaux paroissent mettre beaucoup d'intelligence dans la manière dont ils soignent leurs petits.

Il y a une circonstance de leur naissance, qui est assez singuliere, c'est que la femelle de l'*Ouistiti*, avant de mettre bas, ne cherche aucun emplacement, ni ne fait aucun préparatif, comme la plupart des femelles des autres animaux, qui dans de semblables circonstances préparent des nids, font des amas de mousse, de laine, de duvet, de poil, même aux dépens de leur propre fourrure. Celle-ci a mis bas sur le storre, où elle avoit établi précédemment son domicile, et ce qu'il y a de plus singulier encore, c'est que les nouveaux nés se soient trouvés, à l'instant même qu'ils ont vu le jour, sur les dos de leurs père et mère; comment y ont-ils grimpé? c'est ce qu'on ignore, personne n'ayant été à même de l'observer; ce qu'il y a de certain, c'est que l'emplacement pour les couches étoit d'autant moins commode, que le storre étoit cylindrique, et d'un très-petit diamètre.

Il étoit si difficile de se tenir sur ces storres, que le père et la mère ayant voulu, au bout de 3 semaines, apprendre à leurs petits à marcher seuls dans des endroits périlleux, les abandonnerent un moment sur le haut du storre; les petits jetterent des cris de peur très-lamentables; il y en eut un qui tomba et resta comme mort : on accourut et on lui donna du secours; le père et la mère au désespoir, jetterent des cris aigûs; le père descendit avec colère, et se jetta sur la personne qui tenoit son petit; comme celui-ci avoit repris ses sens, par les soins qu'on lui avoit donnés, il le chargea sur son dos, l'emporta sur son storre.

Les jeunes *Ovistitis* ont actuellement (30 mars 1779) 7 mois et demi; ils mangent seuls, se portent à merveille et ne grimpent plus sur le dos de leur père ni de leur mère, que pour se rassurer contre les objets qui les effrayent.

Edwards cité par Buffon, prètend qu'il y a un exemple, qu'un sanglin (*Ovistiti*) a produit de petits en Portugal, d'où il conclut que cette espèce d'animal pourroit peut-être se multiplier dans les contrees méridionnales de l'Europe, mais il y a si loin de la température du Portugal à celle de Paris, sur-tout pendant l'hiver, que cet exemple n'affoiblit pas le mérite de l'expérience de M le marquis de Nesle et ne diminue en rien la singularité du résultat.

Il est vrai que depuis cêtte époque on a repandu dans le public, qu'il y avoit eu à Paris (on ne cite pas l'année) une famille de sanglins qui y avoit mis bas, et dont les petits n'avoient pas vecu; mais on ne sait pas au juste si cette famille n'étoit pas pleine en arrivant dans ce pays-ci, et toutes les apparences sont pour l'affirmative.

L'*Ovistiti* est très-petit, et n'a pas un demi pied de longueur, le corps et la tête compris : sa queue a plus d'un pied de long; elle est marquée par des anneaux alternativement noirs et blancs; le poil en est assez long et assez fourni.

L'*Ovistiti* a la face nue et d'une couleur de clair foncé; il est coëffé assez sigulièrement par deux toupets de longs poils blancs au-devant des oreilles; en sorte que, quoiqu'elles soient assez grandes, on ne les voit pas en regardant l'animal en face. Selon Edwards, les plus gros ne pèsent guère plus de six onces, et les plus petits quatre onces et demie.

L'*Ovistiti* n'a ni abajoues, ni callosités sur les fesses; il a la queue lache, non prenante, fort touffue et annulée de noir et de blanc, ou plutôt de brun et de gris, et une fois plus longue que la tête ét le corps pris ensemble; la cloison des narines est fort épaisse et leurs ouvertures de côté: la tête ronde, couverte de poils noirs au-dessus du front: il a au-dessus du nez une marque blanche et sans poil; sa face est aussi presque sans poils et d'une couleur de chair foncée; il a des deux côtés de la tête, au devant des oreilles, deux toupets de longs poils blancs: ses oreilles sont arrondies, plates, minces, nues; ses yeux sont d'un châtain rougeâtre; le corps est couvert d'un poil doux, d'un gris cendré et d'un gris plus clair mêlé d'un peu de jaune sous la gorge, la poitrine et le ventre ; il marche à quatre pates et n'a souvent qu'un demi pied de longueur depuis le bout du nez jusqu'à l'origine de la queue : les femelles ne sont pas sujettes à l'écoulement périodique.

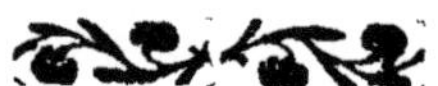

PROPAGATION DU PERROQUET EN FRANCE.

On avoit cru jusqu'à présent, que les *Perroquets* ne pouvoient se reproduire en France; M. de Mesnard, ci-devant contrôleur général des Fermes à Villeneuve les Avignon, mit ensemble en 1773, deux Perroquets, mâle et femelle, il en provint deux œufs, qui furent couvés, mais sans succès; il ne s'est point rebuté: au printemps de l'année suivante, il réunit ces deux mêmes oiseaux, et deux œufs furent le fruit de leur union; l'un n'a pas réussi par défaut de germe, l'autre après 25 jours d'incubation, a donné le 11 juin un petit Perroquet vivant, qui promettoit pour lors beaucoup. Bézout, de l'académie royale des Sciences, qui se trouva précisement le même jour a Villeneuve, voulut le tenir dans ses mains, et s'assurer par ses propres yeux de cette espèce de phénomène.

Une lettre du 13 juillet 1774, ajoutoit que le nouveau né avoit beaucoup grossi; il n'a été couvert jusqu'ici, ajoute cette lettre, que d'une espece de duvet, mais les plumes commencent à vouloir pousser, ce qui paroit par un grand nombre de points, qui poussent de sa peau; ainsi conclut la lettre: voilà un mois de vie, de santé, d'accroissement, qui doit bannir tous les doutes sur l'existence du phénomène. Nous n'en avons plus eu de nouvelles depuis,

Au reste ce n'est pas pour la premiere fois, que les Perroquets se sont reproduits en France; M. de la Pigeonniere, commissaire au bureau des classes, en a fait éclorre plusieurs à Marmande, dans l'Agénois, il y a plus de 50 ans; il en fit même prérenter un à M. le comte de Maurepas : ce commissaire des chasses avoit donc eu un mâle et une femelle, qui firent pendant 5 ou 6 années une ponte tous les ans ; chaque ponte étoit de 4 œufs ; il y en avoit toujours trois de bons et un clair. Voici la façon avec laquelle il s'y prenoit pour les faire couver.

Il faut les mettre dans une chambre, où il n'y ait autre chose qu'un baril defoncé par un bout, rempli jusqu'au milieu de sciure de bois ; on ajoute des bâtons au-dedans et au-dehors du baril, afin que le mâle puisse y monter également de toute façon, et coucher à côté de sa femelle. Une attention nécessaire est de n'entrer dans cette chambre qu'avec des bottines, pour garantir ses jambes de la morsure du Perroquet, si jaloux qu'il déchire tout ce qu'il voit approcher de sa femelle,

FIN.

Liste *des* **Ouvrages** *nouveaux, économiques de J. P.* **Buc'hoz**, *publiés aux frais de Madame* **Buc'hoz**, *et qui se trouvent chez elle, à l'adresse rapportée ci-devant.*

1°. Dissertation sur le Sorbier et la Viorne, seconde édition, actuellement sous presse.

2°. Mémoire sur le Blé de Smyrne, autrement Blé d'abondance, sur celui de Turquie, le grand Millet d'Afrique et la Poherbe d'Abyssinie, toutes plantes alimentaires pour l'homme, et dont on ne sauroit assez étendre la culture, par la fécondité qu'elles répandent partout.

3°. Observations aux Amateurs et aux Jardiniers fleuristes, sur quatre genres d'Arbustes (l'*Azalée*, le *Clètra*, le *Kalmia* et le *Rhododendron*), qui méritent d'être cultivés dans leurs jardins, tant par la beauté de leurs feuillages, que par l'éclat de leurs fleurs, et qui, faute d'être suffisamment connus, y sont totalement négligés. On a joint à ces Observations une notice sur la *Châtaigne d'eau*; sur ses propriétés médicinales et alimentaires; seconde édition, exactement corrigée et augmentée.

4°. Notice sur la Stramoine en arbre, ou *Datura arborea*, arbre du Pérou, qui se cultive depuis peu en France, et qui plait tant par ses fleurs gigantesques, que par le parfum qu'elles répandent

5°. Traitemens efficaces des convulsions et affections vaporeuses, par la décoction et la poudre des feuilles d'oranger; du Scorbut et autres maladies de pareille nature, par les bourgeons de pins, de sapins, l'eau de goudron et le trèfle aquatique; des maladies vénériennes, par différentes espèces de végétaux; de la rage, par le vinaigre ordinaire, et de la manie, par le vinaigre distillé; des hémorrhagies et des chûtes, par l'arnica, l'herbe à Robert, ou le geranium à squinancie; de l'hydropisie, par une clairette purgative; de la gale, par la dentelaire; des croûtes laiteuses et autres, par la violette pensée.

6°. Réflexions sur le genre de *Robinier*, sur ses différentes espèces, leurs descriptions génériques et spécifiques: leur culture, et principalement sur celle du faux Acacia ou Robinier rose, qui sont les espèces les plus rémarquables de ce genre, tant par la beauté de leurs feuillages, l'éclat de leurs fleurs, que par les avantages qu'on en tire dans l'economie champêtre et les arts et métiers, principalement pour servir de fourrage aux bestiaux, et quelquefois d'alimens à l'homme; pour en construire des haies, des batardeaux, pour en faire des perches, des échalas, et en obtenir des bois propres pour la charpente de terre et de mer, pour les moulins, pour des meubles, les ouvrages de tour, et spécialement encore pour l'ornement des jardins, pour la formation des bois, etc. Seconde édition, revue, corrigée et augmentée, à laquelle on a joint un article sur la massette d'eau, et sur les avantages qu'on en peut tirer.

7°. Guérisons expérimentées des vers, même du solitaire, par le *Spigelia* surnommé *Anthelmia*, l'œillet d'inde, le *Semen contra*, la cévadille, la coralline *Lemitoekerton* et autres plantes; de la pierre, de la gravelle et de la colique néphrétique, par l'acmelle, la doradille, la bousserole, le cresson de roche; des maladies de la peau, par la douce-amère, l'orme pyramidal; du cancer, du charbon et de la gangrene, par l'illecébra; des ulcères, par les carottes, et de l'épanchement de lait, par la bruyère. On y a joint une liste d'Espèces théiformes propres à guérir plusieurs maladies.

8°. Mémoires sur la manière de former des Prairies naturelles et de rétablir les anciennes; sur les Prairies artificielles, sédentaires et ambulantes de la *Luzerne*, du *Tréfle*, du *Sainfoin* et du *Sulla*, espèce de *Sainfoin* d'*Espagne*, auxquels on a joint une *Dissertation sur l'Ortie grieche*, sur ses propriétés pour nourrir les bestiaux, sur la filasse qu'on en peut tirer, sur l'emploi qu'on en peut faire pour la teinture, sur les avantages qu'elle nous procure pour la médecine humaine et vétérinaire, principalement pour la gangrène, enfin sur l'utilité de sa culture pour l'économie rurale.

9°. Methode pour traiter les différentes maladies même les plus rebelles, telles que la phtysie pulmonaire, par l'usage des fumigations humides et végétales; l'asthme même le plus invétéré, par une infusion expérimentée des plantes; les maladies de matrice par les fumigations sèches; l'incontinence d'urine par une tisane astringente les plaies, ulcères et blessures, par une Eau vulneraire très-simple, sans être composée, seconde édition, revue et augmentée d'une liste de plantes indigènes qui peuvent remplacer les étrangères.

10°. Mémoires sur la Mélaleuque, rémarquable par la singularité et la beauté de ses fleurs; sur le prix exorbitant auquel certains Jardiniers fleuristes l'ont portée; sur *l'Ixora*, l'ornement des temples des Idoles; le *Camara*, distingué par l'agrément de ses fleurs, qui se succédent les unes aux autres ; la *Fusche*, arbrisseau recemment cultivé en France, et la *Calycanthe*, espèce d'anèmone aussi en arbrisseau, avec des details intéressans sur leur culture, pour former par leur réunion avec l'*Hortensia*, le *Cestreau*, le *Lagestroëm*, la *Fothergille*, l'*Azalée*, le *Clétra*, le *Kalmia*, le *Rhododendron* et la *Stramoine* en arbre, la plus belle collection que les Amateurs puissent desirer pour l'embellissement de leurs jardins.

21. Moyens de rendre fécondes les femmes stériles, par l'usage du suc et des Beignets de la Clandestine ; de réparer les forces épuisées dans les maladies de langueur, par le Sagou et le Salep ; de guérir les mouvemens spasmodiques, les convulsions, l'épilepsie, même le tetanos par les fleurs de Narcisse et de Cres on des prés ; la pleuresie par le Polygala ; la phtisie, le marasme et la fièvre mesentérique, par le Capillaire ; les rhumatismes et la goutte, par le Moxa des Chinois et le remède des Caraibes ; la jaunisse, par le petit Bouillon blanc ; les hémorrhagies, par l'Agaric de chêne ; auxquels on a joint un remède expérimente de famille, pour guérir l'epilepsie, et des observations sur l'Arnica, plante très - usitée en Allemagne, et regardee comme une panacee dans plusieurs maladies.

12°. Mémoires sur l'*Hortensia*, le *Cestreau*, le *Lagestroëm*, la *Fothergille*, rémarquables par la beauté et l'eclat de leurs Fleurs, pour former par leur réunion avec l'*Azalée*, le *Clétra*, le *Kalmia*, le *Rhododendron*, la *Stramoine* en arbre, la *Melaleuque*, l'*Ixora*, le *Camara*, la *Fusche* et la *Calycanthe* la plus belle collection de fleurs que les Amateurs puissent desirer pour l'ornement de leurs jardins ; quatrième édition, revue, corrigée et augmentée de nouvelles observations sur la description et la culture de l'*Hortensia*, par les meilleurs auteurs et des notices sur la *Phlomide* queue de lion, la *Cammelli*, le *Péragu*, l'*Aucuba*, la *Portlande*. la *Chirone* et la *Carmentine*, arbrisseaux qui meritent une place distinguee dans nos jardins et nos serres On y à joint l'Histoire naturelle de l'*Ipo*, espèce congenère, suivant Gmelin, du Cestreau, dont les Sauvages se servent pour empoisonner leurs fleches, avec les anecdotes curieuses pour se procurer ce poison.

13°, Histoire naturelle du Thé de la Chine, de ses differentes espèces, de sa récolte, de ses preparations, de sa culture en Europe, de l'usage qu'on en fait, comme boisson, chez differens peuples, principalement en Angleterre ; de ses bons et mauvais effets, et de ses propriétés en medecine, dans les cas d'indigestion et de transpiration supprimées, à laquelle on a joint un Memoire sur le

Thé du Paraguay, de Labrador, des Isles, du Cap, du Méxique, d'Oswego, de la Martinique, du Japon, et des Notices sur le Cachou, le Ginseng et l'Huile de Cajeput.

14°. L'Art de connoitre et de désigner le pouls par les notes de la musique, de guérir par son moyen la mélancolie; accompagné de 98 observations, tirées tant de l'Histoire que des Annales de la Médecine, qui constatent l'efficacité de la Musique, non-seulement sur le corps, mais sur l'ame, dans l'état de santé ainsi que dans celui de maladie; ouvrage curieux, utile et intéressante, propre à inspirer de l'amour et du goût pour cet art, qui est pour nous un vrai présent des cieux.

15°. Dissertations sur le Cèdre du Liban, le Platane et le Cytise, arbres très-intéressans, et qui méritent d'être cultivés en France, non seulement par leur port majestueux et par leur décoration dans nos forêts, mais encore par les avantages réels qu'ils nous procurent pour l'Agriculture et les Arts, leur culture etant d'ailleurs très-facile; seconde édition, revue, corrigée et augmentée d'autres Dissertations non-moins intéressantes et agréables, qui traitent d'arbres aussi utiles, tels que le Méléze, le Cyprès, l'Arbre de Vie, le Noyer du Japon et l'Halesia, dont la culture ne peut être assez recommandée dans l'Empire Français.

16°. C'est l'ouvrage dont il s'agit ici.